U0070154

MAKE-UP BOOK

明星彩妝師傳授！

化妝不失敗の15堂必修課

15堂化妝必修課，
讓彩妝魯蛇逆轉勝！

沒有人天生就是十全十美，所以後天的努力學習是很重要的功課，努力學習打扮自己或是進行微整形修修臉的工程，都是維持自己最美狀態的一些不二法門。但是無論如何，就算妳有這些加持，還是應該要好好的學好化妝讓自己展現「完美零瑕疵」的容顏，這才能達到妳理想中時尚美人的完美境界！

為什麼一定要好好的學好化妝呢？簡單的說，妳一定常常會在某某雜誌上看到某某明星私底下沒化妝，被狗仔隊偷拍到的照片，天呀～跟平時看到的照片也差太多了吧！平時看到明星那美麗的容顏，到底是化妝師還是修片人員的功勞呢？不管如何，大家還是很喜歡她、覺得她很美！當然幕後最大的功臣，就是那些化腐朽為神奇的化妝師！但是他們通常都不會被注意到，這也就是化妝師可悲的地方，哈哈哈！所以在這裡要提醒你們，平時給人的第一印象是非常、非常重要，因為它牽動著也決定了妳的美好未來！

言歸正傳，現實生活中，如果妳擁有一個恰到好處的無敵完美妝容，不論在妳的事業、愛情、人緣上，它都可以助你一臂之力，「無敵完美妝容」可以讓已經即將淪為

「魯蛇」的妳，有起死回生、逆轉勝的神效！

所以妳必須找到一至二個適合自己的妝容，因為當今社會「顏質、工作能力、人際關係」這三者是畫上等號的，所以現在的女孩會不會化妝，跟懂不懂打扮，將是決定是否為人生勝利組的關鍵。但是妝畫的不對、不適合自己，其實反而是會大扣分的，所以如何畫出完美妝容，便是一門很深奧的學問了！

現在不論妳是「女孩、輕熟女、女人、老女人」，我都要呼籲妳們一定要要好好的愛自己、打扮自己，現在每天多花十分鐘，畫個得體的美妝是很重要的，因為「不會化妝的女人是沒錢途的」，現在開始一起加油變美吧！共勉之～

Beautiful Secret

化妝前必看！讓美麗更加分的小祕密

LESSON 1 讓妝容更服貼，化妝前的基礎保養術 10

POINT 1 卸妝清潔，打造乾淨美肌 10

- **Q&A清潔**疑難雜症大破解 14

POINT 2 保溼肌膚，彈潤肌趕走問題肌 16

- **Q&A保溼**疑難雜症大破解 18

POINT 3 防曬隔絕紫外線，延緩肌膚老化 22

- **Q&A防曬**疑難雜症大破解 23

LESSON 2 高CP值化妝品推薦，選對工具畫好妝 27

- 裸肌的祕密武器！**底妝**產品挑選 27
- 不脫妝好膚質！**粉底**產品挑選 29
- 隱藏肌膚瑕疵！**遮瑕**產品挑選 30
- 讓眼睛更有魅力！**眼線**產品挑選 31
- 完美眼妝效果！**眼影**產品挑選 32
- 讓你更有精神！**畫眉**產品挑選 33

LESSON 3 底妝這樣畫，打造水嫩清透肌 36

- 3D清透底妝 36
- 5D光澤底妝 38
- 陶瓷霧面底妝 40

Base Make-up

一定要學！大師傳授の基礎彩妝術

LESSON 4 遮瑕這樣畫，細紋黑眼圈都消失 44

- 這樣遮，隱藏惱人的小瑕疵 45
- 霜狀遮瑕膏，遮黑眼圈的祕密武器 47

LESSON 5 修容這樣畫，打造完美立體輪廓 48
- 基本修容法 48
- 長型臉修容法 49
- 圓型臉修容法 49
- 方型臉修容法 49

LESSON 6 眉毛這樣畫，妝感立刻自然有型 50
- 韓式平粗眉 51
- 可愛無辜眉 51
- 韓式下垂眉 52
- 性感挑高眉 52

LESSON 7 眼妝這樣畫，魅惑人心小技巧 53
- 清純大眼妝 54
- 無辜臥蠶眼妝 54
- 性感貓眼妝 55
- 個性煙燻眼妝 55

LESSON 8 腮紅這樣畫，修飾臉型好氣色 56
- 可愛潮紅腮 57
- 嬌羞清純腮 57
- 甜美好感腮 58
- 性感魅力腮 58

LESSON 9 唇彩這樣畫，打造誘人雙唇 59
- Q彈水潤唇 60
- 清純咬唇妝 60
- 性感嘟嘟唇 61
- 時髦紅唇妝 61

Make-up Skills

實戰技巧大公開！春夏秋冬魅力妝

LESSON 10 適合春天の優雅輕裸妝 64

- 無瑕好感妝 66
- 韓系柔光晶透妝 70
- 蜜糖粉嫩妝 74
- 無辜懵眼妝 78
- 桃花戀愛妝 82

LESSON 11 適合夏天の輕盈透亮妝 86

- 玩水不脫妝 88
- 微甜夏日妝 92
- 靚眼女孩妝 96
- 大眼娃娃妝 100

LESSON 12 適合秋天の都會時尚妝 104

- 魅力明星妝 106
- 約會不敗妝 110
- 氣質千金妝 114
- 甜心小惡魔 118
- 華麗女神妝 122

LESSON 13 適合冬天の癮誘心機妝 126

- 韓系貓眼妝 128
- 迷幻煙燻妝 132
- 微燻心機妝 136
- 時尚煙燻妝 140
- 法式紅唇妝 144

Perfect Look

NG妝退散！畫出不失敗の完美妝容

LESSON 14 救救我的NG妝！放大美麗縮小缺點 150

- CASE 1 單眼皮變大眼 150
- CASE 2 矯正下垂眼 151
- CASE 3 矯正鳳眼 151
- CASE 4 薄唇變厚唇 152
- CASE 5 厚唇變薄唇 152
- CASE 6 塌鼻瞬間變立體 153

LESSON 15 Q&A大破解！化妝不失敗の祕訣大公開 154

- **底妝**疑難雜症大破解 154
- **眼妝**疑難雜症大破解 157
- **眉＆唇＆頰**疑難雜症大破解 162

特別收錄1：腮紅挑選訣竅 165

特別收錄2：氣墊粉餅挑選訣竅 168

BEAUTIFUL SECRET

Van Wei's MAKE-UP SURGERY

PART 1

化妝前必看！
讓美麗更加分的小祕密

化妝前一定要知道，該怎麼讓美麗更加分？梵緯老師告訴你，只要做好清潔、保溼、防曬三動作，就能讓妝容更浮貼！

讓妝容更服貼，化妝前的基礎保養術

很多人都想知道，如何**打造出膚質透亮、不脫妝的好肌膚**，其實說穿了就**只要做好三個動作「清潔、保溼、防曬」就可以了**。可別小看這三個保養動作喔！它們雖然看似簡單，但很多人卻存在著錯誤的保養方式及觀念，所以才會覺得為什麼越保養肌膚，反而造成更多肌膚問題呢？別擔心，本篇我就來幫各位破解各式保養問題，輕鬆打造出水嫩透亮好膚質！

POINT 1 卸妝清潔，打造乾淨美肌

正確流程	
	早晨：洗臉（可用清水也可用溫和洗臉產品）
	晚上：卸妝→洗臉→去角質（3～5天一次即可）→清水洗臉

保養的首要工作就是「清潔」，因此洗臉、去角質是打造好肌膚的重要關鍵，特別是**晚上無論你是否有化妝，一定要將臉上的污垢跟彩妝徹底卸除並清潔乾淨**，才能預防肌膚問題的產生。最新醫學研究證實，空氣污染中的pm2.5細懸浮微粒除了危害呼吸道健康，更是導致肌膚敏感的原兇之一，所以做好清潔保養便是維持年輕跟擁有好肌膚的最重要步驟！

但是潔顏（卸妝）產品這麼多，該如何選擇最適合自己的產品呢？很簡單，只要當**使用後覺得臉部清爽不緊繃，而且沒有發癢、脫皮、泛紅等症狀，那就是適合自己的產品**。除此之外，潔顏產品的種類也越來越細分，除了油狀、乳狀、慕絲狀之外，還有專屬的眼唇卸妝液，讓許多人看了霧煞煞，不知道該如何挑選產品。其實潔顏產品大致上可以歸類為水性與油性，還有一種為油水分離產品（眼唇卸妝液）。

質地細緻，能迅速去除附著於皮膚上的髒污。

↑BEVY C.／肌淨無限卸妝精華乳

◎洗卸產品特色

分類	代表	特色
水性潔顏產品	潔顏慕絲、凝膠	**1.**潔顏慕絲因為添加了新劑型配方，潔顏力強且溫和，如果你是敏感性肌膚，在使用時要避免泡沫在臉上停留的時間太久，以免太乾燥或太刺激。 **2.**潔顏凝膠則無以上的限制。
油性潔顏產品	潔顏油、潔顏霜、潔顏乳	比較溫和，是用油脂溶解油脂的概念來清潔臉上髒污。但因為有些人覺得潔顏油太油膩，所以業者就加入乳化技術，採偏油水混合的概念發展出乳狀、霜狀的洗卸產品，其清潔力雖然不及潔顏油強，但還是可以依肌膚的質地去做選擇，整體來說仍是不錯的。
油水平衡產品	眼唇卸妝液	眼、唇部位的肌膚比較細嫩又薄，要快速的清除污垢又不能給予太多肌膚刺激，因此這種結合了半油半水的產品就誕生了，不會讓人感到油膩又有很強的卸妝功效。

選對洗卸產品，是打造好膚質的關鍵

有些人知道卸妝的重要性，但是又很想偷懶，就直接用卸妝液做整臉清潔，這是非常不好的，因為眼唇卸妝液跟臉部卸妝液的成分與分子有很大的不同！眼唇卸妝液的清潔力強、分子細且較為溫和，用來當臉部的清潔卸妝是沒問題；但若單純是臉部卸妝液，就不建議清潔眼部細膩的彩妝，因為有可能因配方導致眼睛敏感或是刺激的問題。卸妝乳雖然只能清潔較淡的眼影跟粉底，其實它兼具按摩緊緻的功能，善用卸妝乳也是讓肌膚維持緊緻的功臣喔！

洗面乳

除了清潔肌膚，還有保濕的功效，選購時建議選擇天然植物萃取的產品，便能適合所有膚質，還具有潔淨和舒緩肌膚的功效。

↑ La prairie／深層清潔霜

潔顏皂

洗淨力很強，大部分偏鹼性，所以適合偏油或油性肌膚的人使用，底下推薦的這款是卸妝洗臉保溼三合一的產品。

↑ Delica Mizzle／卸妝清潔保濕皂

潔顏慕絲

算是ALL IN ONE的產品，兼具卸妝洗臉的功用，成分比較溫和而且泡沫較多，而且保溼度很高，連重色口紅也卸得掉。

↑ YADAH自然雅達／有機仙人掌深層潔顏慕斯

潔顏卸妝油

潔顏卸妝油是專為卸除臉部彩妝的產品，配方跟清潔力偏強，所以不適合拿來卸除眼妝，因為若不小心清潔液跑到眼睛，可能會讓眼睛感到刺痛或不舒服。潔顏卸妝油現在已經依不同的膚質有不同的配方，可依自己的膚質來挑選。但是使用潔顏油的時候要注意，若乳化不徹底，容易導致毛孔堆積脂肪球。

↑ divinia／蒂芬妮亞無油感清爽潔顏油

潔顏凝膠

潔顏凝膠在使用時，一定要保持手部乾燥，擠適量均勻塗抹後，再用少許清水徹底按摩乳化清潔，它與潔顏油最大的不同就是不易堵塞毛孔，而且更加保濕！

↑KKORA／鼠尾草潔顏凝膠

↑Nohèm／法國頂級有機卸妝凝膠

潔顏乳

除了卸妝清潔肌膚的功效之外，因為添加乳霜成分，所以也可以當按摩霜使用。首先，將臉部的彩妝跟髒污卸除乾淨後用水洗淨，再使用卸妝乳來按摩。

按摩時加少許的清水來幫助肌膚按摩拉提，一週2～3次的深層按摩，能讓皮膚更緊緻有光澤，非常適合偏乾性或敏感肌使用喔！

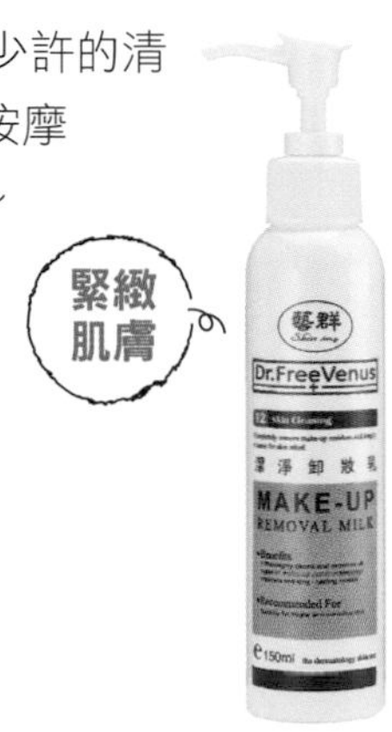

↑藝群／潔淨卸妝乳

潔顏水

為了忙碌現代人所設計，結合了多種功能的洗卸產品誕生了！底下推薦的這款，它能同時完成「卸妝+洗臉+化妝水」，是三合一的全方位保養卸妝液，連敏感肌也適用，即使卸完妝不洗臉，也不會傷害肌膚喔！

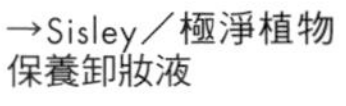
→Sisley／極淨植物保養卸妝液

眼唇卸妝液

眼、唇周邊的肌膚較細緻，因此要使用專用的卸妝液卸除。這種卸妝液的配方採油水分離，其實也能卸除掉全臉的彩妝髒污，但這樣成本太高，所以主要用來卸眼、唇部位的彩妝。

→pre'CARE皮珂兒／零油感。黃金油水比例眼唇卸妝液

清潔疑難雜症大破解

Q 早晚使用的清潔產品要不一樣嗎？

A 晚上洗臉清潔的動作，比白天還重要！白天不論你是出門在外，或是待在辦公室一整天，肌膚都會受到大環境的空氣污染，還有化妝品也會造成肌膚的負擔，所以晚上一定要將臉上的髒污徹底的清潔乾淨再去睡覺，切記**「肌膚清潔不乾淨，之後所有的保養都是白費功夫」**！

建議**白天選較溫和的洗臉產品**，而**晚上選擇清潔力強的產**品，如果覺得這樣太麻煩也可以用同一罐清潔產品，但是晚上用的量比較多（約1顆黃豆大小）、白天用的量比較少（約1顆紅豆大小）。肌膚屬較**脆弱敏感的人，也可以早上用清水洗臉，而晚上再用清潔產品洗臉**。

Q 清潔很重要，所以洗臉要洗很多次？

A 容易出油的肌膚，除了早、晚洗臉之外，一天可以再增加二次用清水洗臉，或是用舒緩的化妝水噴在臉上，用化妝棉按壓即可。通常一般正常肌膚，其實不需要洗臉這麼多次，因為這樣會對肌膚造成傷害，基本上只要早、晚洗臉就可以了。

Q 洗臉時順便按摩，能有效清除髒污？

A 按摩是很重要的動作沒有錯，但千萬不要在洗臉的時候按摩，如果這個時候按摩會把髒污推入毛孔內，反而對肌膚造成負擔。正確的作法是**卸妝、洗臉後，用清水洗淨髒污，然後再次使用卸妝乳當按摩霜，按摩臉部肌膚，最後用清水洗淨**。這樣的深層按摩一週做1～2次即可，能將臉上的髒污有效去除。

Q 洗臉的時候泡泡越多越好？

A 東方人一直對泡泡有迷思，認為洗臉的時候泡泡越多越好，其實歐美反而有很多產品是不起泡的呢！洗臉的時候泡泡越多不一定越好，反而要注重的是泡泡的質地，泡泡要越細越好，因為這樣分子就會越細，更能將毛孔深入清潔乾淨。

Q 該如何判斷臉有洗乾淨？

A 洗完臉的時候檢查一下，臉上的額頭、髮際邊緣、眉毛的地方不能殘留皂垢才是有洗乾淨。眼睛下方、眼角的部分也可以注意看看，有時候洗臉洗不乾淨，這邊還會殘留眼線或眼影殘屑，這樣就是清潔得不夠徹底。建議眼睛、唇部可以使用眼唇卸妝液來卸除彩妝，這樣會比較乾淨，才能有效去除髒污。

Q 去角質多久要去一次？

A 去角質產品千萬不要天天用，否則會讓肌膚出油問題更嚴重，變成敏感肌膚。建議3～5天去角質一次即可，而去角質產品的挑選方式是顆粒越小越好，顆粒要選圓形的，這樣洗起來比較不刺痛。

3～5天去角質一次，可以更深層清潔肌膚！

→REN／鮮果C微粒子亮采磨砂霜嫩白去角質霜

POINT 2 保溼肌膚，彈潤肌趕走問題肌

正確流程	臉部精油→化妝水→精華液→眼霜→乳液或乳霜（二選一）

肌膚清潔乾淨之後，就要進入肌膚的保養工作了，而**保養最重要的動作就是「保溼」**，保溼做不好的話，擦保養品時會產生皮屑，化妝時還很容易浮粉、脫妝，大幅造成我們的困擾！甚至可以說只要保溼工作做足了，所有的肌膚問題都能解決，可見保溼的動作多麼重要啊！

正確的保養順序，要**從小分子（液態狀）到大分子（乳霜狀）的來塗抹**，肌膚缺水、乾燥的人，可以在化妝水前先塗抹臉部精油，一滴按摩全臉，但要在化妝水前使用比較好。除此之外，還有功能性產品的挑選，例如眼霜、頸霜等，眼霜可以依自己想要的功能來選擇（例如除皺紋、黑眼圈等），而頸霜其實可以用眼霜來取代，如果預算不足就用眼部產品來替代頸霜吧！

化妝前的救急肌膚保水法

如果待會要參加重要的會議、出席重要場合，需要肌膚水飽飽、讓妝容浮貼不脫妝，洗完臉的時候可以先敷保濕修護面膜，讓皮膚飽水度夠，就能讓底妝更浮貼！

■ 乳液

乳液類產品通常比較適合油性肌使用，因為分子較小、質地較清淡也不會對肌膚造成太大負擔，挑選時建議選植萃高保濕的全效乳液，因為它全年都適用。

↑KKORA／鼠尾草保濕能量全效乳液

乳霜

質地較滋潤的乳霜，適合乾燥肌膚於早、晚使用，而油性肌膚跟混合性肌膚，則可以當晚上保養的最後一道產品來使用，它可以鎖住你之前擦的保養品。

↑ Elizabeth Arden／伊莉莎白雅頓21霜

臉部精油

化妝水前先塗抹，只要一滴按摩全臉即可，但要在化妝水前使用，才能油水平衡讓水分子產生作用，讓肌膚被油脂保護而更滋潤。

↑ AROMATHERAPY／玫瑰緊緻精油

眼膠

膠狀的產品擦了之後會有緊繃感，讓眼部肌膚更緊緻，適合白天使用。底下推薦的英國No.7細紋修飾霜也很厲害，它能快速修飾眼部跟臉部所有細紋喔！

↑ La prairie／魚子美顏眼露

↑ No.7／細紋修飾霜

眼霜

質地較滋潤的眼霜比較適合晚上使用，而眼部乾燥的人則建議早晚使用。挑選時建議選多功能的眼霜，來呵護眼部周圍的肌膚，才能讓眼睛更明亮有神韻。

→StriVectin皺效奇蹟／NIA-114超級皺效眼霜

保溼疑難雜症大破解

Q 一定要使用化妝水嗎？

A 常有人問我到底要不要擦化妝水？**化妝水的功用其實是再次清潔保溼**，歐美覺得不需要，但日本就覺得很需要。我認為化妝水對於洗臉清潔不當的人非常需要，還可以輔助後面產品吸收呢！

除此之外，有些人是零毛孔，擁有完美的肌膚狀態，他們往往覺得自己不需要使用化妝水，其實這是非常錯誤的觀念！因為如果你使用的保養品分子不夠細，久而久之就會長出脂肪球，而**擦化妝水的好處就是能分解後續保養品的分子**，先擦上化妝水，還有**讓肌膚較不易長脂肪球**的功效喔！

高效保濕力，還能讓肌膚緊緻光亮！

↑UNT／頂級玻尿酸保濕賦活露（奢華）

可舒緩並柔嫩肌膚，保溼力很強！

↑La prairie／清新潤膚露

Q 擦了晚安凍膜，就不用擦保養品嗎？

A 晚安凍膜不等於晚霜，説穿了它就是很厚的精華凝霜而已，它並不是保養品喔！它最主要的功效是封住保養品的效用，所以建議是在擦好保養品後、睡前使用，千萬別只單擦晚安凍膜而不擦其他保養品，這可是錯誤的動作！

韓國超強的100小時保濕，80%蝸牛全效能凍凝霜。

↑ELENSILIA／蝸牛全效能凍凝霜

Q 瓶瓶罐罐好麻煩，選All in One的產品好嗎？

A 多合一的產品其實就代表著它的每項功能都弱，通常是給肌膚狀況佳、沒有問題肌的人使用。若是有問題肌的人，建議再依自己的需求來增加功能性的產品，例如緊緻、防皺、抗老等等。特別是眼霜或眼膠，一定天天都要擦、早晚都要擦，因為皺紋出來就難以挽救啦！除此之外，脖子不建議擦臉部保養品，因為分子不相同，建議用頸霜或眼霜取代。

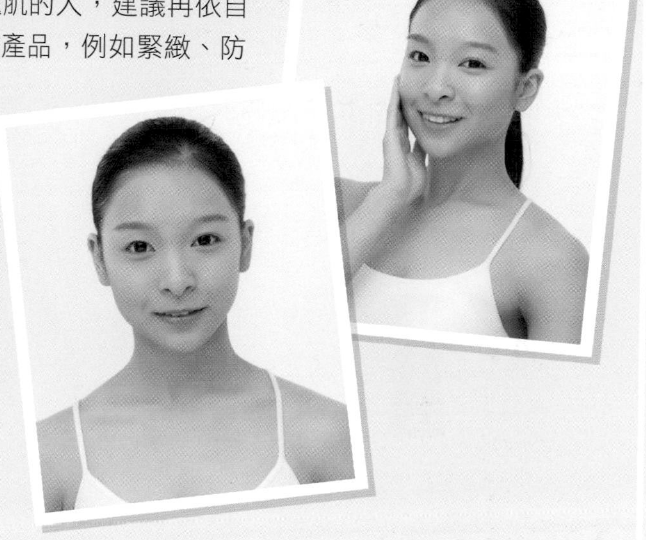

Q 如何徹底做好保溼工作？

A 想要做好肌膚的保溼工作，就要外在、內在保養一起進行，**外在保溼指的是使用保養品**，例如：化妝水、面膜、保溼產品；而**內在保溼就是要多喝水**，讓肌膚攝取足夠的水量，每個人一天建議要攝取1500～2000cc的水量，但切記不要大口大口喝水，大口喝水的動作看似解渴卻對身體保溼無效，採用小口喝水法，才能讓身體肌膚保持滋潤喔！

保溼效果很好，還能緊縮毛孔！

↑No.7／保溼緊緻毛孔面膜

面膜需要天天敷嗎？該如何挑選？

A 面膜不用天天敷，免得選到不好的面膜材質，反而造成敏感肌。那麼該如何選適合的面膜？建議**挑保溼面膜（簡單飽水的即可），一週敷2～3次**。面膜說穿了就是精華液與水製成，決定面膜的價格高低則是那張面膜布，廉價面膜最大的問題是面膜布的材質不好，甚至有螢光劑造成肌膚問題，因此在面膜布的選擇上要特別注意。

面膜布的材質要越細越好、越薄越好，例如生物纖維面膜、蠶絲面膜，植物萃取纖維面膜，這些對肌膚比較沒有負擔。甚至有些面膜是泥狀、膠狀型，塗抹於臉上後過一段時間再卸除，就不會有面膜布材質的問題，選擇這種產品比較不用擔心螢光劑問題。

減少臉上的暗沉感，讓膚色淨白、明亮！

↑KKORA／東方草本精華亮白活性碳面膜

敷上後能讓肌膚看起來很水嫩，保溼度很夠喔！

↑YADAH自然雅達／有機仙人掌萃取舒醒面膜

全球唯一使用尤加利樹面膜紙輕薄服貼，一張面膜等於一瓶保濕精華，修護保濕雙效進行。

↑ELENSILIA／蝸牛修護面膜

白天和晚上的保溼工作，哪個比較重要？

A 如果你是個懶得保養的美眉，切記～**不管多偷懶，晚上保養一定要做好**喔！根據歐美調查研究，晚上的深度保養非常重要，深夜深度保養指的是：深度清潔、深度保溼、深度滋潤，如果**保養沒做好，肌膚就會比實際年齡乘1.2的速度老化**，意思就是你會老得更快！深度保養的方式，本章都詳細告訴你了，想要擁有逆齡美肌就千萬別偷懶喔！

Q 擦臉部保養品，每個產品要停留多久？

A 常常有粉絲問我，每天要擦的瓶瓶罐罐這麼多，有時候早上出門非常趕，每次急急忙忙的擦完化妝水後就趕快擦上乳液，這樣沒等保養品吸收就擦下一個保養品，是不是會失去保養品的效果？到底每一個保養品擦完後要停留多久，才再擦下一個產品呢？

擦完保養品的時候，臉上不會有黏膩感即可擦下一個保養品，除非擦完下一個保養品後，臉上產生屑屑的情況，就代表這兩種保養產品的質地可能無法相容，這時就必須等前一個保養品全乾、肌膚吸收後，再擦下一個保養品。

Q 保溼沒做好，脫妝了怎麼辦？

A 化妝產生脫妝、浮粉的問題，有很高的機率是保溼、去角質工作沒做好。我推薦在化妝前可以先擦上妝前妝後精油，只要1滴按壓在臉上，幾乎就能解決後續的浮粉問題。還有另一種方式，就是擦粉底液的時候，在裡面加入1～2滴精油混合（或是非膠狀的精華液），也能讓底妝比較不會脫妝喔！

↑ Nohèm／妝前妝後精油

保溼臉部肌膚，讓你化妝不再脫妝掉屑！

可以延緩肌膚老化，還能抗齡撫紋呢！

↑ KKORA／抗老抗皺活膚精華液

POINT 3 防曬隔絕紫外線，延緩肌膚老化

正確流程 日霜擦完之後擦「防曬霜」，若使用的是「防曬隔離日霜」，則可代替日霜使用

紫外線及光害會對肌膚造成很大的傷害，防曬工作沒做好，乾肌、黑斑就會找上你！有些人會說他平常又不化妝，那保溼、防曬仍要做嗎？其實不管晴天、陰天、雨天都會有紫外線，而3C產品（電腦、手機）的光害，也會對你的肌膚多少造成傷害，所以你說防曬動作到底重不重要呢？

根據歐美最新調查，將有做防曬與不做防曬的人做實驗比較，發現到了50歲的時候，有做防曬的人會比同年齡的年輕13～15歲。所以不管你平常有沒有化妝？今天是待在室內或室外？都別忘了做好「防曬」！

◎紫外線標示說明

分類	說明
紫外線	分為UVA、UVB、UVC三種，UVC會被臭氧層吸收，所以我們要注意的是UVA、UVB這兩種會照射到地面的紫外線。
UVA	照射後會加速肌膚老化，長期照射後沒有防曬，會立即變黑，而且產生肌膚老化、皺紋。
UVB	照射後會讓肌膚泛紅刺痛（曬傷），造成黑色素增加、肌膚保溼力下降，致癌性很強，還會產生黑斑、雀斑。
PA	Protection Grade of UVA的縮寫，日本化妝品公會針對紫外線UVA所訂定的防曬系數。 ●PA+：延緩曬黑時間2～4倍。 ●PA++：延緩曬黑時間4～8倍。 ●PA+++：延緩曬黑時間約8倍以上。
SPF	Sun Protection Factor的縮寫，是指用來防止UVB的效果。舉例來說，SPF25就是指可以延緩25倍的曬傷時間。

★未標示SPF（防紫外線系數）、PA值的保養品，即使包裝上有標示UV，還是無法防曬喔！

隔離霜

化妝前的第一道程序，通常是使用隔離霜來隔離彩妝對肌膚的傷害，隔離霜英文為Primer，正確來說是打底霜，主要的用途是容易上妝，也讓肌膚更有完美的光澤感。

↑ KKORA／波光粉蜜飾底乳

防曬底霜

日霜或隔離霜後使用，可以當粉底或妝前打底霜，能修飾瑕疵、亮澤潤色，集合了防曬、保濕、抗老的多功能防曬粉底，底下推薦的這款，還很適合雷射過後的脆弱肌膚使用喔！

↑ HELIOCARE／防曬隔離霜SPF50（潤色型）

防曬霜

防曬力很強，雖然沒有日霜、粉底的效果，但很適合戶外活動使用，防曬效果非常好。

↑ SKEYNDOR／SPF50+防曬乳

防曬隔離霜

近幾年推出了防曬隔離霜，添加防曬、打底二合一的成分，可以代替日霜使用，所以使用防曬隔離霜，就不需額外再擦防曬霜了。

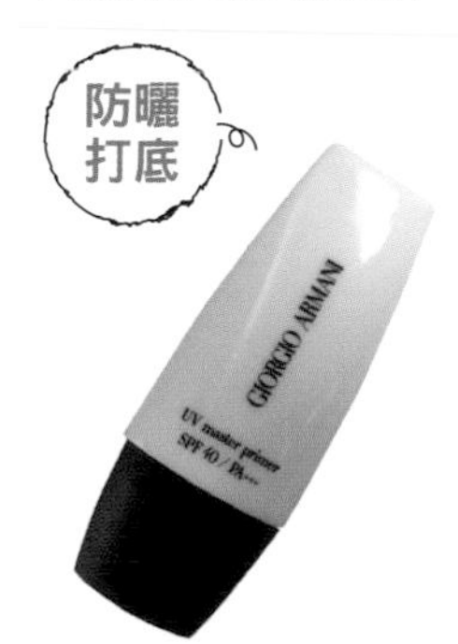

↑ GIORGIO ARMANI／高效防護妝前乳UV master primer SPF40/PA+++

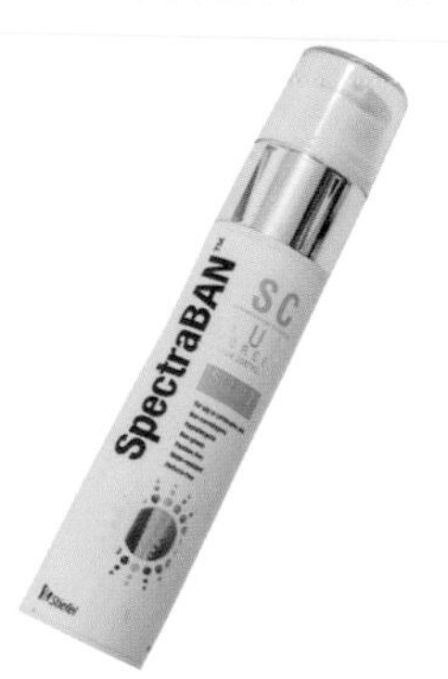

↑ SpectraBAN詩蓓白／全效控油防曬精華

↑ Natura Bissé／鑽石美白透白無油防曬霜SPF50 PA+++

↑ jeunesse／SPF30防曬日霜隔離霜

防曬疑難雜症大破解

Q 室內、室外該如何選擇防曬產品？

A 室內、室外建議的防曬系數不太一樣，甚至去海邊時也要選擇高一點的，但是要特別注意，因為防曬力太高的產品會造成肌膚負擔，所以別每天盲目使用防曬力高的產品，得依自己生活環境、天氣形態來決定。

除此之外，若你在室內坐的位置是坐在玻璃旁邊，經折射後紫外線可是非常高的喔！等於你要使用室外適用的防曬產品才能防曬！去雪地玩時也是一樣的道理，要選擇防曬系數高的產品。

◎防曬系數建議

場景	建議
室內	SPF20～SPF30、PA++
室外	SPF30～SPF50、PA+++

每一個彩妝品都要有防曬功能嗎？

A 白天擦的日霜若是沒有SPF，就要擦有SPF的隔離霜，而日霜通常到SPF30就很足夠了，PA+++則是曬黑程度，會因人而異。平常有化妝的人，建議從隔離霜後，畫在臉上的彩妝就要開始有防曬功能，最少、最少一定要有一項彩妝品有防曬的功效比較好，產品建議至少都要有SPF25以上，除非去海邊或戶外再使用SPF50以上。

一般上班族的辦公位置若在玻璃窗旁，日光經玻璃折射的光害，可是會產生雙倍的危害，很恐怖吧！還有辦公桌上常開著燈辦公，燈光長時間直射你肌膚的話，也需要選擇較高的防曬系數喔！

SPF50擦在臉上油膩感較重，該如何解決？

A SPF50對肌膚造成的負擔感、油膩感會較重，因此**建議採用「洋蔥式保養法」**，就跟冬天我們去日本的時候要採「洋蔥式穿衣法」的意思一樣，用慢慢疊加的方式來擦防曬，比較不會讓肌膚受傷害。例如**日霜、隔離霜使用SPF25或SPF30、粉餅使用SPF25或SPF30**，既能擁有防曬效果，也不會對肌膚太負擔。

另外，也常有人問我，如果前面擦了SPF25的日霜，後續再擦SPF25的隔離霜，這樣就有SPF50的功效嗎？錯！SPF只是延緩曬傷的時間，想要增強防曬產品效果的話，用防曬粉餅補妝才有增強防曬的功能！

3C產品的藍光也會傷害肌膚嗎？

A 光害是肌膚的殺手，千萬不要讓肌膚在赤裸裸的狀況下（沒防曬），長時間看3C產品（手機、電腦等）。有很多女生會利用晚上洗好臉的時候敷臉，然後就去玩手機、打電腦了，其實這樣的動作是錯誤的，反而更容易長斑喔！晚上洗好澡、洗完臉後，建議就準備關燈睡美容覺了，才能有效保養肌膚。

除此之外，晚上保養時若有擦淡斑、維他命C的產品，也建議直接關燈睡覺，別再盯著3C產品猛看了，因為這樣很容易讓肌膚反黑喔！

防曬產品要用多少量才有效果？

防曬產品至少要在出門前20～30分鐘擦上，讓肌膚充分吸收後，才能發揮防曬效果。使用時要注意，如果用量過多，會讓臉看起來太油或是太厚重，但是擦太少又沒有防曬效果，這時該怎麼辦呢？其實根本不需要塗厚厚的一層，**只要在額頭、鼻子、雙頰、顴骨、下巴，各點上1～2粒約米粒大小的防曬乳**，最後再均勻塗抹推開就可以囉！

→BEVY C.／輕透裸肌隔離防護霜

防曬霜、防曬隔離日霜有什麼差別？

防曬霜指的是像安耐曬那種產品，它只有防曬作用，並無滋養肌膚作用，因此要在日霜擦完後再擦。至於防曬隔離日霜，它有乳液、隔離彩妝、防曬的功能，可說是多合一產品，若使用這類型產品便不用再擦防曬霜，可直接化妝，它能代替日霜使用。

梵緯老師小叮嚀

私人保養祕訣大公開

- 睡眠很重要，每天一定要睡滿8小時，否則再多保養品也無效。
- 飯後建議別喝紅茶，若一定要喝也建議選擇綠茶或煎茶。因為吃飯時會食用到肉類，肉類的鐵質對人體很好，而飯後喝維他命C（果汁）可幫助鐵質吸收並讓肌膚紅潤，若喝茶則會讓鐵質流失。

高CP值化妝品推薦，選對工具畫好妝！

化妝品的種類玲瑯滿目，多到令人眼花撩亂，有很多人搞不清楚到底該如何選擇？其實很多化妝品都是多功能型的，現在我就來介紹一下粉底、遮瑕、眼妝、畫眉的種類，相信能讓你輕鬆挑選出最適合自己的化妝品！

裸肌的祕密武器！底妝產品挑選

■ 水凝霜

水凝霜比起粉底液的質地更顯得果凍狀一些，而且這款水凝霜很好推勻又防水，非常適合初學者使用，遮瑕力屬於中間程度，比粉底霜的遮瑕力略差一些，肌膚有小瑕疵的人可以重覆按壓堆疊，就可畫出完美肌膚啦！

輕薄好推

↑ MAKE UP FOREVER／水凝霜

■ 粉底霜

霜狀的質地滋潤度佳，而且遮瑕力也較強，用手指輕推畫圈上粉底，就可以呈現輕、薄、透的妝容，因為滋潤度佳所以在上妝時非常容易推勻，能打造出自然的好感肌膚。

滋潤度夠

↑ 嬌蘭Guerlain／粉底霜

粉底液

液狀精緻的質地，優點是輕薄透，能打造出清透裸肌的好氣色妝感，但是因為遮瑕力較不足，所以臉上有過多瑕疵的人比較不適合使用。

↑嬌蘭Guerlain／24K金粉底

↑BEVY C.／裸紗親膚透顏粉底液

粉底膏

粉底膏的遮瑕力非常強，也可以當遮瑕膏使用，通常只會當局部遮蓋瑕疵用，若要當全臉的底妝使用，妝容會較厚重些，需要一點點技巧才能推勻。

↑KRYOLAN／粉底膏

粉底條

攜帶方便而且不易破裂，但是一不小心粉底會上太厚所以要特別小心。如果選擇比膚色更深1～2號的粉底條，可以做修容粉底來使用。

↑ LAURE MERCIER／粉底條

不脫妝好膚質！粉底產品挑選

粉餅

粉餅具有定妝、粉底的效果，很適合化妝新手使用，也是最方便使用的產品，但一般來說粉的質地會比蜜粉再稍厚一點，使用時要輕推按壓的方法才不會結塊，和蜜粉的手法不太一樣。

↑BEVY C.／裸紗親膚凝光粉餅

蜜粉

粉質很細緻，當擦上的粉底液較厚時，用蜜粉會較好固定住，但如果沾太多蜜粉在臉上較容易結塊，所以要少量輕拍的方式按壓，才是上蜜粉的正確手法喔！

↑BEVY C.／裸紗親膚柔光潤顏蜜粉

空氣蜜粉餅

將蜜粉壓成餅狀即為蜜粉餅，而這款空氣蜜粉餅質地更輕、薄、透，因為更輕薄所以遮瑕力也較弱，但因為是奈米分子的粉餅質地，擦在臉上能完美的呈現零妝感的定妝效果，所以不管是定妝、補妝都是非常好的選擇。

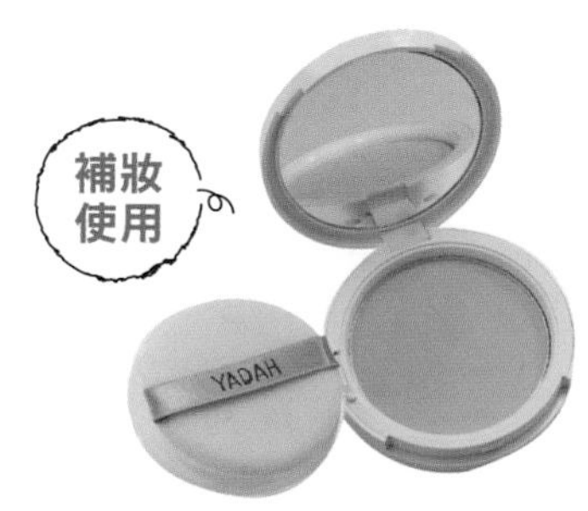

↑YADAH自然雅達／空氣蜜粉餅

氣墊粉餅

三合一多功能的底妝，兼具保養、粉底、遮瑕功能，用完後會讓皮膚呈現光澤感的肌膚，它是融合了精華液、粉底、遮瑕霜等多效合一功能的配方粉餅。但因為粉餅內含了許多的保養品成分，所以妝容較容易脫妝，因此使用時要用少量、多次輕拍的方式上妝，油性肌膚上妝後建議再用少許的蜜粉加強定妝。

→UNT／COLOR輕裸光PS無瑕肌氣墊粉霜

隱藏肌膚瑕疵！遮瑕產品挑選

■ 霜狀遮瑕膏

霜狀遮瑕的質地比較不會這麼乾，因此眼周細紋較多的地方用霜狀來遮瑕，較不容易卡粉。底下推薦的這款是日本最強臉部、眼部遮瑕霜，非常適合遮黑眼圈，粉紅色適合白皙肌膚使用，橘色適合偏黃肌膚使用。除此之外，局部鼻翼泛紅、輕微毛孔粗大也可以用霜狀遮瑕遮，但它的遮瑕力沒有膏狀強，太嚴重的瑕疵比較遮不掉。

→CALYPSO MAGIC CONCEALER／多功能魔法遮瑕膏

■ 膏狀遮瑕膏

膏狀遮瑕膏的遮瑕力很強，但缺點是質地較乾燥，因此比較不適合遮眼部等細紋較多的部位。底下推薦的這款是美國賣翻天的遮瑕膏，遮瑕力超強，可以很容易就遮掉大片黑斑、痣、刺青等，算是遮瑕時不可缺少的實用產品！

↑ DERMABLEND／遮瑕膏

■ 毛孔遮瑕膏

毛孔粗大的人，可以選專門的毛孔遮瑕膏來遮蓋，底下推薦的這款可以遮蓋眼周小細紋，還能調整膚色、遮瑕毛孔，甚至能稍微遮瑕黑眼圈喔！

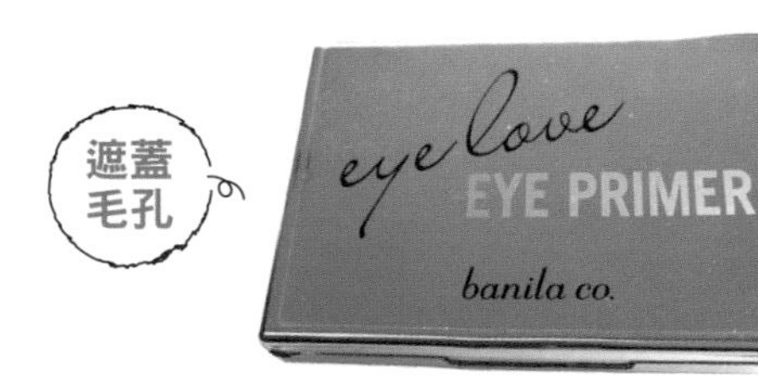

←↑ banila co／眼部打底遮瑕膏

讓眼睛更有魅力！眼線產品挑選

■眼線液

能畫出俐落的線條，很適合畫韓系的性感拉長眼線，因為是防水抗暈染成分，所以適合眼睛容易暈妝的人使用，持妝時間也比較長。

→KISS ME
奇士美／眼線液

■眼線液筆

結合眼線液與眼線筆的功能，能畫出很細的線條，像最近很流行的刺青眼線液筆就很推薦，畫出的線條又細，甚至還有防暈功能呢！

→too cool for school
／瓦西里美術筆

■眼線膠

能畫出很寬的線條，因為是霧面的，還可以暈開打造眼影效果。但使用時較需要技巧性，必須多練習，畫出的線條才會均勻流暢。

↑MAKE UP FOREVER／
眼線膠

■眼線筆

眼線液發明後，一般大眾開始覺得眼線液畫出的線條太誇張，想要柔和妝感的眼線，因此好畫、易操作的眼線筆就誕生了！但它的防暈力比眼線液差，所以之後又發明了眼線液筆。

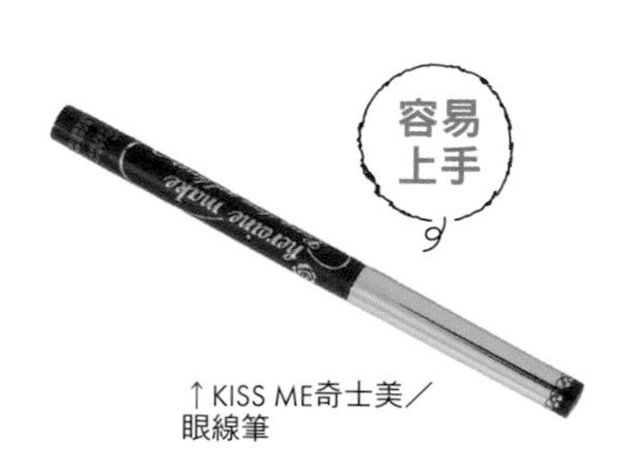

↑KISS ME奇士美／
眼線筆

■眼線膠筆

抗水、抗暈功能比眼線筆好，使用淺色的還可以拿來打亮臥蠶，畫完後稍微暈開還能製造眼影效果，結合多功能於一身。但是很快乾，畫錯失敗時比較難再刨掉重畫，因此建議先從眼線筆開始練習，熟練後再使用眼線膠筆，就不太容易畫錯失敗了！

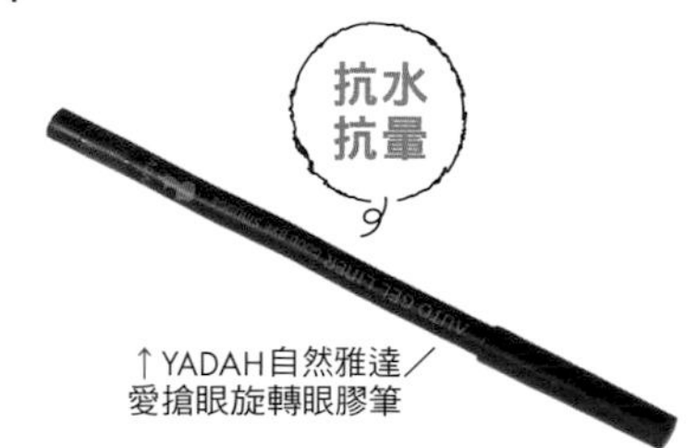

↑YADAH自然雅達／
愛搶眼旋轉眼膠筆

完美眼妝效果！眼影產品挑選

■眼影霜（眼蜜）

可以增加眼皮的光澤感與水潤感，主要用於眼部打底，如果希望擦上眼影粉後，眼皮上看起來不會有這麼多小細紋，就可以先擦上眼影霜打底，它能讓眼影更顯色。

↑VISEE／眼蜜#02

■眼影粉

眼影粉是最易上手、最多人使用的產品，但使用時眼皮較乾或是細紋皺折較多的人，塗上眼影粉後會感覺眼皮較多小細紋，因此建議選擇質地較滋潤的眼影。

→嬌蘭Guerlain／
金璨四色限量版眼影

■眼影棒

因為是筆狀的，和眼影粉比起來比較不容易碎掉，而且結合了眼影、眼蜜的功能，是近期很多人愛用的產品。但眼皮較多皺折、內雙的人使用後，建議再用透明蜜粉定妝（或是用棉花棒沾蜜粉，輕壓整個眼睛），這樣才不會在眼睛皺折處有卡粉的現象。

↑LOLA／時尚潮流
閃亮眼影筆

讓你更有精神！畫眉產品挑選

■ 眉粉

畫出的眉毛較柔和，也較不易失敗，新手使用可以很容易畫出想要的眉型。眉粉很適合當畫眉的打底，還可以在眉頭畫出暈染、甜美的感覺，也能讓眉型較模糊看起來不會太強勢。

↑ KATE／造型眉彩餅

■ 眉毛雨衣

眉毛很少、沒有整條眉型的人，畫好眉毛後建議要在眉毛上，用順刷的方式塗一層眉毛雨衣，它可以讓眉毛比較不會暈開、掉落脫妝。

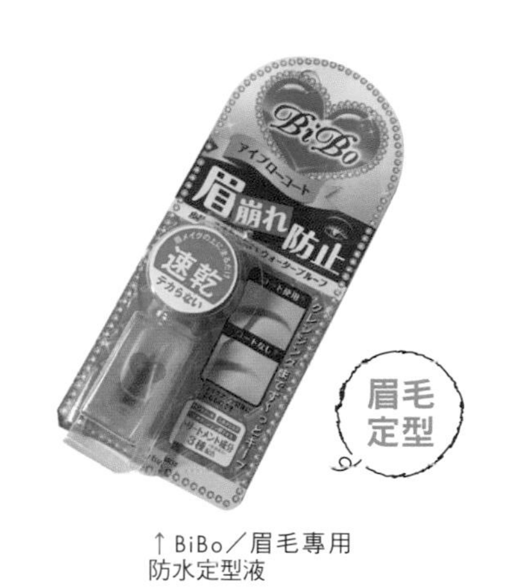

↑ BiBo／眉毛專用防水定型液

■ 眉筆

眉筆可以很清楚的描繪出眉型，適合眉毛很少、沒有整條眉型的人使用，先用眉筆描繪輪廓後，再用眉粉暈染整個眉型，讓眉型周圍不會這麼多輪廓，是畫出完美眉毛的小撇步。

↑ Sana／眉筆

■染眉膏

畫眉時最好髮色、眉毛顏色能一致，才有整體感。市面上已經有推出眉筆、染眉膏二合一的好用產品，這類產品在畫眉時就很方便喔！

←CLIO／不斷電持色眉彩膏#02淺棕

←CLIO／眉關係超持久雙頭眉筆

梵緯老師小叮嚀

化妝刷具挑選與清潔

刷具使用專門的筆刷清潔液來清潔是最好的，因為含有酒精成分所以多了殺菌功能，但如果預算有限，其實使用洗碗精來清洗也可以，因為洗碗精有去油的成分。動物毛材質的刷具建議用椰子油、天然的油脂來清潔（例如椰子油洗碗精），比較能保護筆刷毛的質地。

清潔的時候不是用搓的，而是要用捏的、用擠壓的方式，若擠不出來可以拿沾醬油的小盤子墊著一直按壓，或是泡1～2分鐘的洗碗精水後再清潔。但泡清潔液的時候要注意，水不要放太多蓋過整個刷毛，大約到刷毛的一半就好了，這樣比較不會讓筆刷的筆身與刷毛黏著的膠水脫落，造成筆刷頭與筆身脫離。

化妝工具大致上可分為手、粉底刷、海棉這三大類：

- **手**：可以將粉底推得很薄透，使用液狀粉底時，就很適合用手來推，這樣能讓粉更薄、更貼。
- **粉底刷**：霜狀、膏狀的粉底，用刷子可以很快刷勻，但刷不好容易變太厚，要再用海棉推薄。
- **海棉**：重覆按壓就能讓粉底變得很服貼，在厚重的妝容上重覆按壓，能吸釋多餘的粉，讓底妝更服貼輕透。

底妝這樣畫，打造水嫩清透肌！

3D清透底妝

3D底妝最重要的是有層次感，用深、淺顏色的底妝來打底，除了修飾肌膚讓臉變得更顯瘦之外，還能讓肌膚看起來看清薄透亮喔！

Make Up Item

❶Sisley／粉底液 ❷YADAH自然雅達／BB霜 ❸ESTEE LAUDER／粉底液 ❹YADAH自然雅達／空氣蜜粉餅

Step by Step

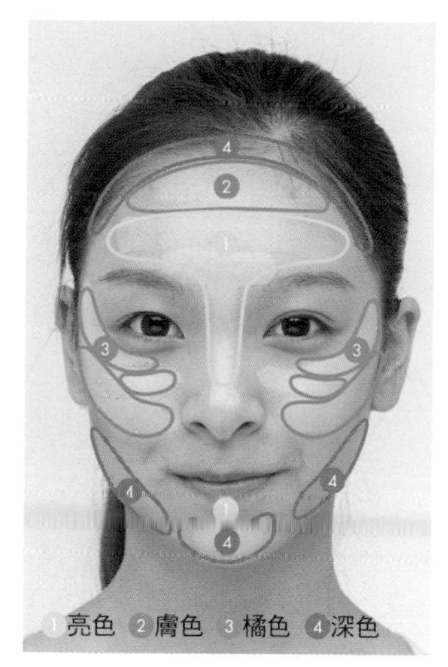

1 ❶T字、眼周、下巴塗上比膚色亮一號的粉底液。❷用與自己膚色相同的粉底液，塗在兩頰、額頭處。❸使用一點點橘色遮瑕膏，塗在蘋果肌的地方（黑眼圈下方）。❹深色粉底液塗在臉頰外圍、下巴外圍的地方。

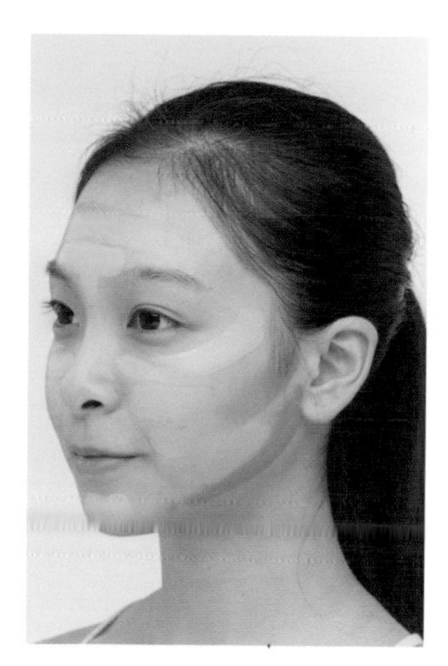

2 用刷子或海棉將粉底液推勻，從淺色開始推勻。臉上瑕疵較多的人可以用海棉推勻，覆蓋度會比較好，眼皮上也要記得推。淺色粉底液推勻後再推深色粉底液，照臉的輪廓線往上推勻，這樣有讓臉變立體的3D效果。

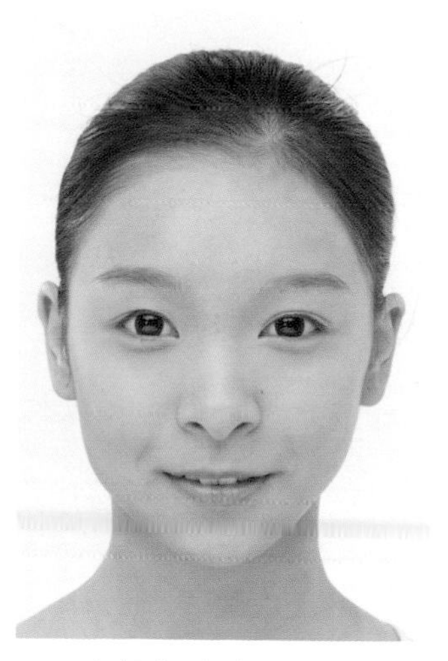

3 上好粉底液後，再針對臉上的瑕疵做遮瑕，遮瑕完成後，用蜜粉按壓定妝就可以了！

5D光澤底妝

5D的光澤底妝，運用了5D修容技巧，可以呈現出肌膚的光澤感，最後用氣墊粉餅按壓定妝，能讓肌膚無瑕透亮，打造出像韓妞一樣的好膚質！

Make Up Item

❶Banila Co／容光煥發CC氣墊粉餅#BP15 ❷BURBERRY／絲柔輕透粉底液#C275 ❸植村秀shu uemura／瞬間亮肌BB Cream SPF 30 PA++ ❹KRYOLAN／粉底膏

Step by Step

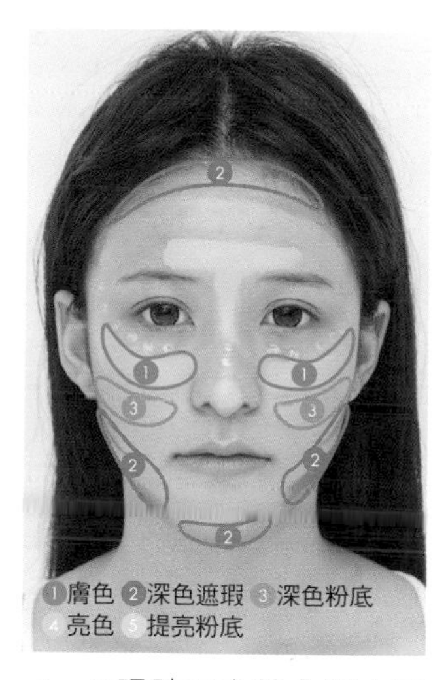

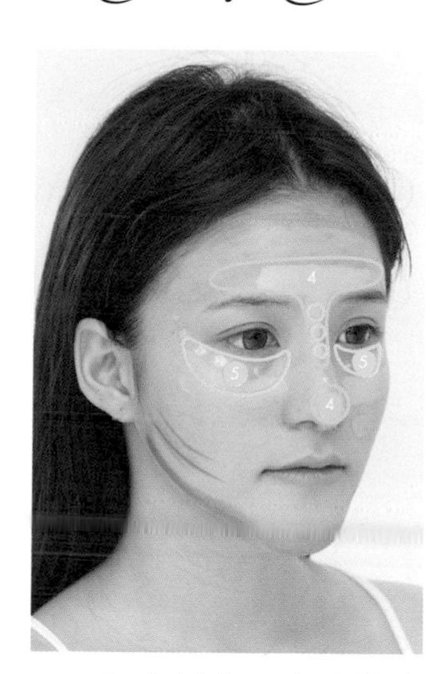

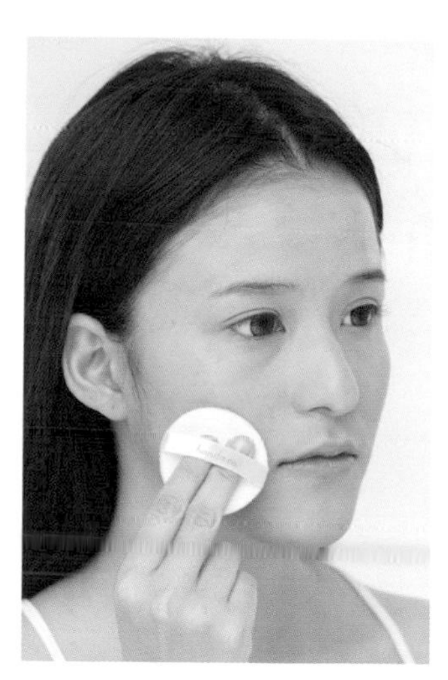

1 ❶眼睛下方塗上與自己膚色相同的粉底。❷額頭、下巴、臉頰兩側用深色遮瑕膏塗上。❸塗上比自己膚色深1號的粉底。

2 ❹T字部位、鼻頭塗比自己膚色亮1號的粉底液。❺更亮的提亮粉底液放在眼下、鼻翼。

3 用刷子或海棉將粉底液推勻，從淺色開始推勻，眼皮上也要記得推。淺色粉底液推勻後再推深色粉底液，照臉的輪廓線上下推勻。上好粉底液後，再針對臉上的瑕疵做遮瑕，遮瑕後用氣墊粉餅按壓定妝，因為氣墊粉餅可以柔和粉底，並且修飾瑕疵，打造出5D光澤感的好肌膚！

陶瓷霧面底妝

陶瓷霧面底妝的祕密武器，就是在粉底液前擦上「No.7修片隔離霜」，它能讓臉部肌膚瞬間有修片的效果，使毛孔粗大的問題消失。接下來擦上粉底液，再針對需加強遮瑕的部位做修飾，最後用粉餅按壓就能完成無瑕肌膚！

Key Point

☑使用修片隔離霜，打造霧面無瑕肌膚

Make Up Item

❶No.7／臉部肌膚修片霜 ❷嬌蘭Guerlain／金鑽修顏粉餅 ❸嬌蘭Guerlain／24K金粉底

Step by Step

1 全臉擦上修片隔離霜，它能隱藏毛孔，是打造陶瓷肌的祕密武器。擦上後用手或海棉按壓推勻，能讓底妝更服貼。全臉再擦上薄薄一層的粉底液，再用海棉按壓全臉，眼皮上方、眼周也要記得按壓。

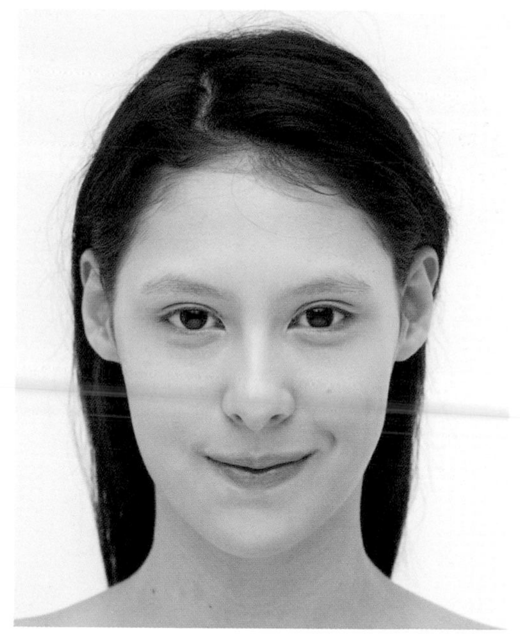

2 針對臉上的瑕疵做遮瑕，遮瑕後用粉餅按壓定妝。

BASE MAKE-UP

Van Wei Fashion meets art

PART 2

一定要學！
大師傳授の基礎彩妝術

完美遮瑕術、立體修容術、韓式平粗眉、韓系咬唇妝……清純、可愛、性感任你變，這樣畫讓你的妝容更吸睛！

遮瑕這樣畫，細紋黑眼圈都消失！

每個人的臉上，或多或少都有瑕疵，但通常瑕疵狀況都不太相同，整體來說困擾的問題大約是：痣、斑點、細紋、黑眼圈、痘疤、泛紅、凹洞……等等，其實只要掌握住以下的遮瑕小技巧，就能把臉上大部分缺點通通都隱藏喔！

←DERMA COLOR／遮瑕粉底膏

我建議大家可以常備：橘色、黃色、綠色、膚色這四種遮瑕膏的顏色，這些幾乎可以搞定大部分臉上的問題。遮瑕主要是利用遮瑕粉底造成視覺上的變化，較嚴重的瑕疵使用對比色的遮瑕法，可以讓瑕疵看起來比較沒這麼明顯，因此這四種顏色各有不同的運用方式。

◎遮瑕膏顏色挑選

顏色	適用	說明
橘色	深色斑、很黑的痣、泛黑或偏紫的黑眼圈	橘色是新手適合也最不會出錯的遮瑕色，可以用來遮大部分瑕疵。
黃色	泛青或泛咖啡色的瑕疵	新手適合的遮瑕色，擦上去後顏色為白偏黃，可以遮蓋泛青、咖啡色的瑕疵。
綠色	痣、紅血絲、臉部泛紅	擦上去後顏色偏死白，拿來遮血絲或泛紅很好用。
膚色	膚色不勻、淺斑、淚溝	遮蓋好瑕疵後，要再蓋上適合的膚色再次遮瑕修飾。

這樣遮，隱藏惱人的小瑕疵

一般來說，如果是**非黑眼圈的瑕疵，可以先用深色的遮瑕膏來蓋，蓋完再蓋淺色遮瑕膏**。但這遮瑕方法比較不適合黑眼圈，因為黑眼圈的顏色與問題比較多，所以除了黑眼圈之外的瑕疵，可以按照這種方式來快速遮瑕。

■ 斑點

建議用手來遮，因為手可以塗抹的比較薄，會比刷子好用。有些斑的範圍很大，建議先蓋斑再擦上粉底液，而且要用膏狀遮瑕膏才能蓋的住。如果斑很深，建議用橘色、黃色來遮蓋。

◎蓋斑顏色挑選

狀況	顏色
淺色斑	粉紅、粉橘色遮瑕膏。
深色斑	先用綠色遮瑕膏讓瑕疵變白，之後再用橘色、黃色來遮蓋。

■ 泛紅

泛紅的地方可以用綠色遮瑕膏或是遮瑕乳來遮蓋，或是用底下推薦的這款來遮。如果是痘疤的泛紅，可以先用深色，再用淺色（中間色）蓋，點完之後再用手壓勻一點。如果泛紅的位置很大片，那就用海棉按壓。

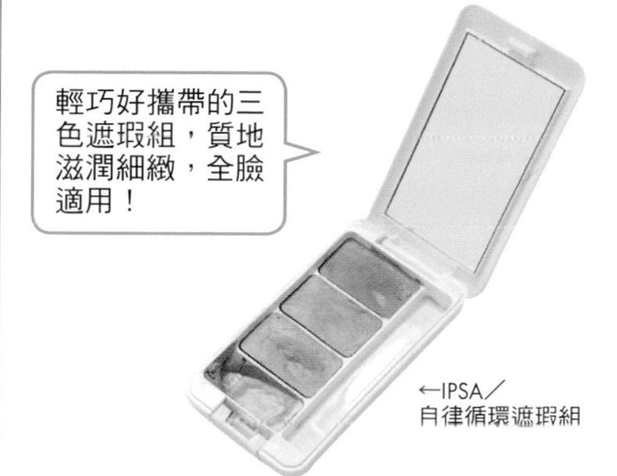

←IPSA／自律循環遮瑕組

■ 凹洞

凹洞可以用尖牙籤或尖棉花棒，沾比膚色更淺的1～2色的遮瑕膏來點平凹洞，再上粉底液。但如果凹洞太多，就先上粉底液再來點凹洞。先點凹洞與後點的差異是：先點凹洞的話，就可以畫出很薄的粉底；先畫粉底再點凹洞的話，整體妝感會較濃。點完凹洞、上完粉底液後，再用蜜粉按壓定妝即可。

■痣

痣又可分為凸的、平的，不論是凸黑痣或是平的痣，掌握的重點都是**先用深色遮瑕蓋→蜜粉定妝→用淺色遮瑕再蓋一次**。但是要記得，遮完後瑕疵的周圍，一定要稍微暈開才不會很突兀，例如用小筆刷遮蓋時，可以再用海棉的尖角或棉花棒暈開周邊。

- **凸黑的痣**：用像唇刷的小刷子來蓋，可以用橘色或膚色遮瑕，蓋完後再按壓蜜粉、接著再蓋一次遮瑕。有點像水泥蓋房子打地基一樣，乾了再打一層。
- **平的痣**：用橘色或比原來膚色深的來遮，遮完再按壓蜜粉，再用淺色遮瑕再蓋一次。

■痘疤

痘疤可以先用深色遮瑕來遮，遮完再用淺色遮瑕再蓋一次，遮的時候建議用小刷子來遮，但要記得用手將周圍稍微暈開才自然。

■細紋&毛孔

細紋、毛孔也是困擾很多人的問題，畫底妝前建議全臉擦上「修片隔離霜」，針對細紋的部分可以選擇眼部專用的遮瑕膏（P30，banila co／眼部打底遮瑕膏），它可以遮蓋眼周小細紋，還能調整膚色、遮瑕毛孔，甚至能稍微遮瑕黑眼圈！

如果是臉上的細紋則可以挑選前面介紹過的（P45，IPSA／自律循環遮瑕組），它的質地滋潤，也是全臉適用的萬用遮瑕膏。

→No.7／修片隔離霜

霜狀遮瑕膏，遮黑眼圈的祕密武器

黑眼圈因為靠近眼睛，如果用膏狀遮瑕容易產生細紋，因此建議用霜狀遮瑕來遮（用液體、質地較油的）。霜狀遮瑕能針對局部鼻翼泛紅、輕微毛孔粗大的狀況來使用，底下介紹的這個遮瑕膏除了可以修飾淚溝，還有提亮效果。

使用方式是塗點在眼睛下方後，再用手指輕輕拍點均勻開，拍完後手指再輕拍眼皮上方，這樣能修飾眼睛的暗沉。

◎黑眼圈顏色挑選

狀況	顏色
紫色、青色	黃色遮瑕膏
血管明顯	綠色遮瑕膏

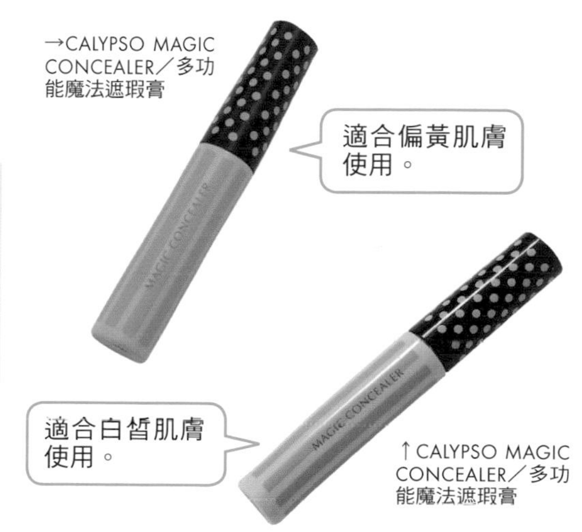

→CALYPSO MAGIC CONCEALER／多功能魔法遮瑕膏

↑CALYPSO MAGIC CONCEALER／多功能魔法遮瑕膏

■ 黑眼圈遮瑕祕技

遮的時候建議用手來遮，以手點壓均勻後，再用質地細緻的HD蜜粉再蓋一次。建議從臥蠶位置，往上下拍均勻，再從四面漸層暈開。

重覆以下的動作：**蓋黑眼圈→按壓薄蜜粉→塗上粉底液→蓋黑眼圈→按壓薄蜜粉**，這樣就不會讓黑眼圈遮瑕的部位脫妝，要固定好再壓下一層，所以選擇較滋潤的質地來遮瑕是首要關鍵。

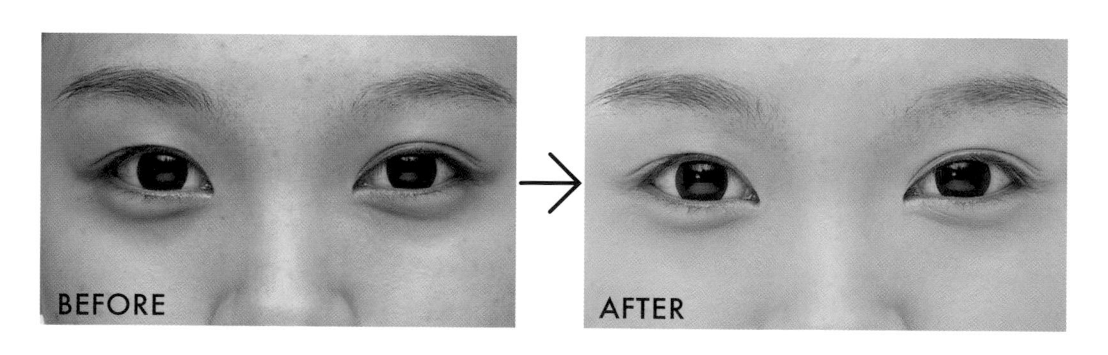

修容這樣畫，打造完美立體輪廓！

每個人的臉型都不一樣，透過修容（打亮、陰影），就能截長補短打造出立體輪廓，這也是化妝神奇的地方喔！我最常使用的修容產品就是以下這款，它的質地是HD粉底，非常好用。因為我是彩妝師，所以需要買一整盤來面對各種臉型、膚色的人，如果是個人使用可以買單罐式的。

可以針對自己膚色，買單罐的遮瑕膏。

←GRAFTOBIAN／Hi-Def Glamour Crème Foundations

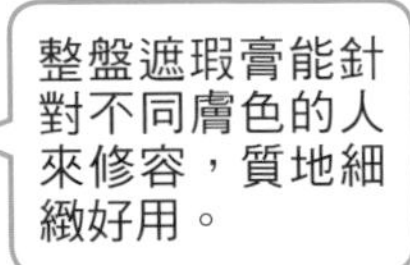

←GRAFTOBIAN／Hi-Def Glamour Crème Foundations

基本修容法

基本的修容粉底，主要用亮色（比自己膚色更亮）、深膚色（與自己膚色深1號）、暗色（比自己膚色暗2～3號）這三色來修容，正常臉型就可以用這種修容方式。

◎修容顏色挑選

功能	畫法與位置
亮色（提亮膚色、立體輪廓）	塗在眼尾C字部位、T字部位、下巴。
深膚色（均勻美化膚色）	塗在嘴唇下方，讓臉部更立體。
暗色（修飾臉型、輪廓）	暗色修容塗在髮際邊緣（長臉打上下、圓臉打左右）。

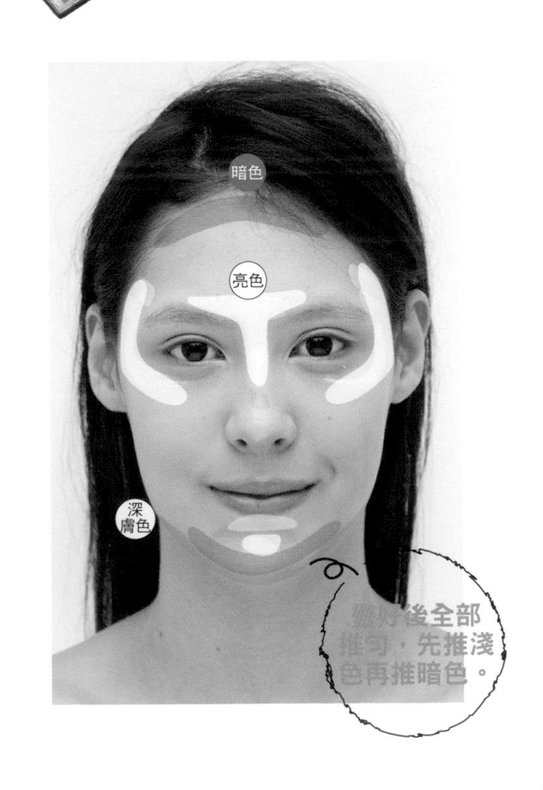

■ 長型臉修容法

長型臉要修飾的地方，就是將上、下縮短，並增加臉部左、右的分量，而鼻頭的位置也可以加一點亮色，這樣有讓鼻樑變高、鼻子變短的修飾效果。修容時要以橫向的方式來畫，推開時要先推淺色再推暗色。

■ 圓型臉修容法

圓型臉雖然看起來很可愛，但是總會讓人感覺臉比較大，因此我們要以倒三角的畫法加強下巴輪廓的提亮，讓臉看起來變修長，打造出纖瘦的錯視效果。

■ 方型臉修容法

方型臉就是臉頰兩側比較寬人，因此我們就要修飾這個部位，特別在兩頰塗上深色修容，推開後就能讓臉型看起來比較小。掌握的技巧也一樣，要先推淺色再推暗色。

眉毛這樣畫，妝感立刻自然有型！

眉毛是決定整體妝容與氣質的關鍵之一，所有眉毛除了粗細之外，幾乎都是在眉峰之後才出現變化，大致上可以分為韓式平粗眉、可愛細平眉、無辜下垂眉、性感挑高眉，不同的畫法可以呈現出不同的感覺。想要畫出好看的眉毛，關鍵就在於眉頭要淡、往上畫出眉束感，眉束感可以用染眉膏或乾掉的睫毛膏畫出。

→KATE／造型眉彩餅

適合眉毛本身就濃密的人使用，用眉粉描繪能讓眉型更柔和。

←CLIO／不斷電持色眉膠筆#02淺棕

眉毛較稀梳的人，可以先用眉筆描繪眉型再使用眉粉。

想要畫出好看的眉毛，一定要用染眉膏往上畫，畫出眉束感。

←CLIO／不斷電持色眉彩膏#02淺棕

眉粉與眉筆雙合一的產品，能畫出柔和的眉毛。

↑KATE／雙用立體眉彩筆

韓式平粗眉

平粗眉是韓國很流行的畫法，能散發出時髦個性感，首先用淡色眉筆畫出一字平眉，掌握的重點就是畫粗平的直線，不要有眉峰，畫到眉尾微微往下。畫好後用螺旋刷再稍微暈開，接下來刷上染眉膏，眉頭部位要往上，畫出根根分明的眉束感。

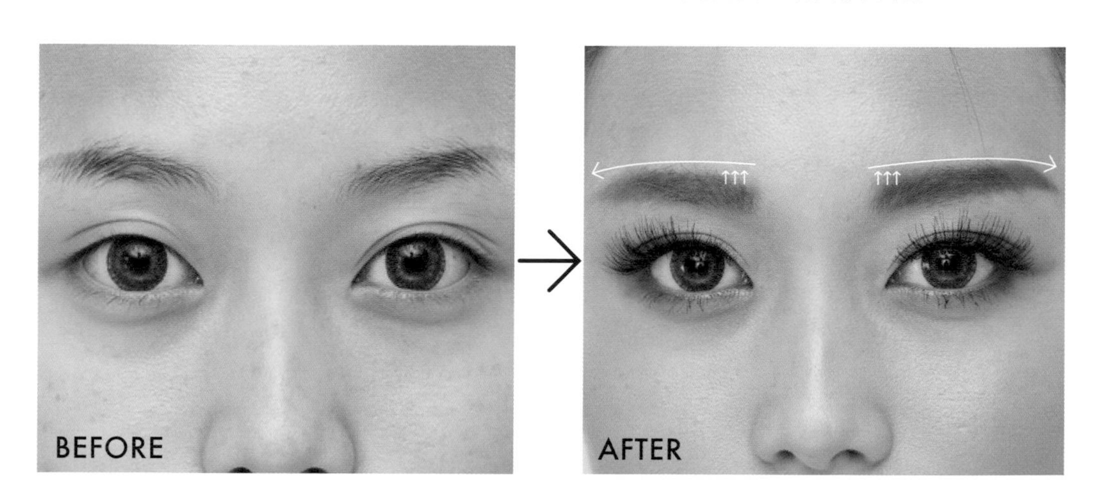

可愛無辜眉

按照自己的眉型來畫，不用刻意畫粗，而是畫出一個平眉，畫到眉尾時稍微往下，這樣能打造可愛感。畫完後可以再用小刷子暈開，打造眉毛的柔和感，再用染眉膏刷出眉束感。

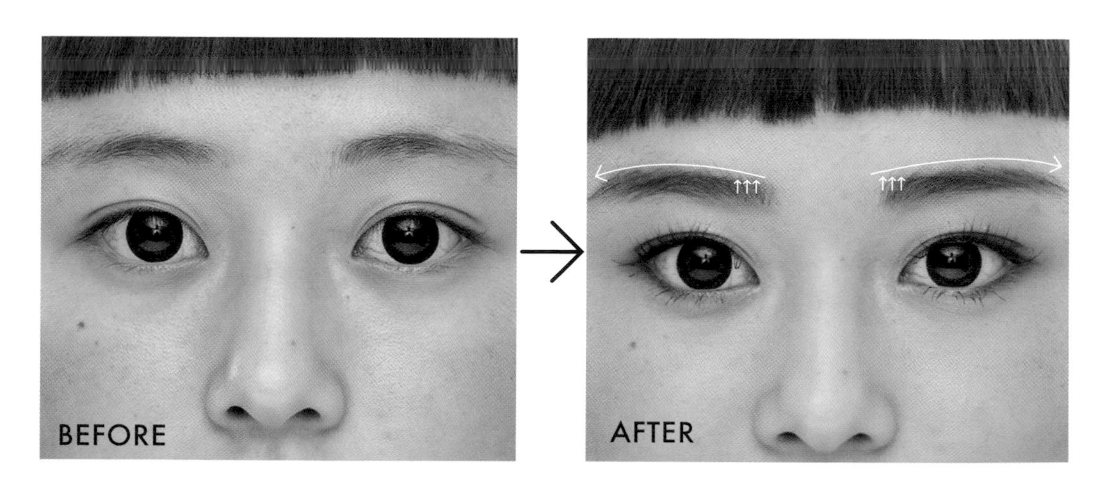

韓式下垂眉

無辜感的下垂眉，關鍵就在於「拉長往下」，用淺咖啡色眉筆按照原本眉毛的眉型，畫出一字平眉，而眉尾要往下畫，打造出無辜感，不要畫出眉峰。畫完後一樣要用染眉膏，刷出眉毛的眉束感。

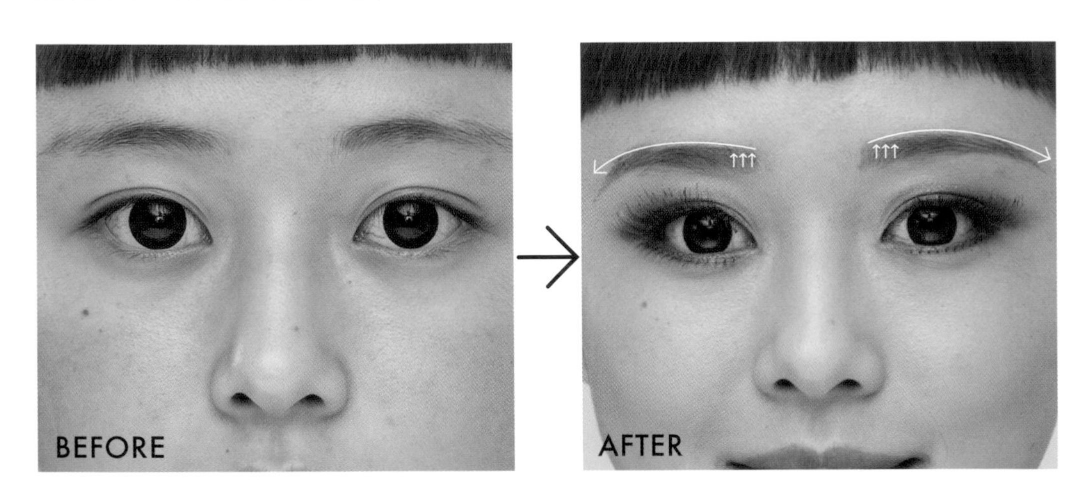

性感挑高眉

這是比較歐美式、西方的眉毛，畫一個有眉峰、眉色淡的眉毛，畫好後用眉刷把眉頭刷暈，讓眉毛更柔和，這樣能更散發出性感魅力。

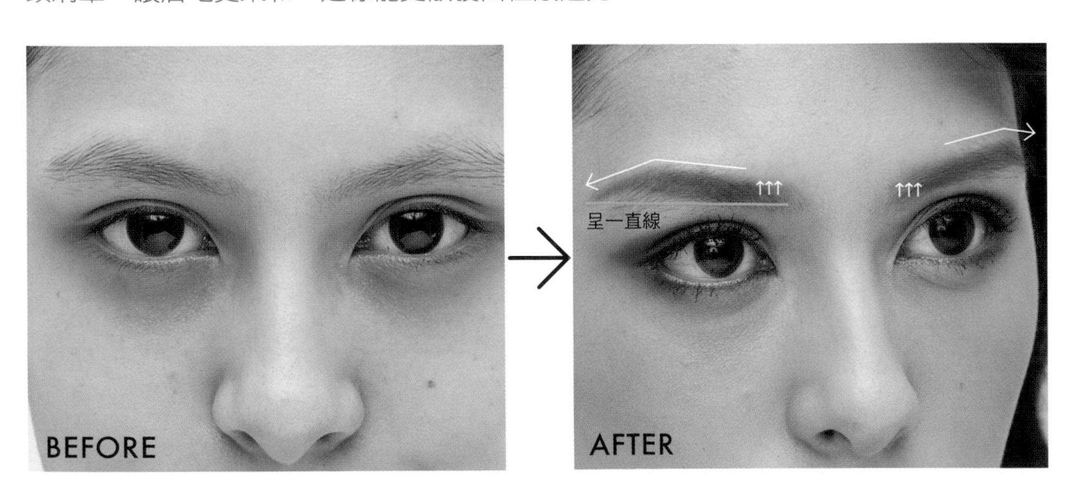

眼妝這樣畫，魅惑人心小技巧！

眼妝是最能讓整體妝容感覺不一樣的關鍵，也是整個彩妝裡最重要的步驟，眼妝的畫法很多元，清純、可愛、性感、個性等等，都會因為眼線、假睫毛、眼影的畫法不同而不同，變化性非常多。底下我區分清純、可愛、性感、個性這四種基本畫法來説明。

◎假睫毛樣式挑選

假睫毛款式	妝容風格
單株睫毛	文青氣質，適合裸妝加強眼神。
中間長兩邊短	根根分明可以創造可愛的大眼娃娃。
交叉款式	撫媚柔和的名媛眼神。
前短後長	性感、復古的眼妝。

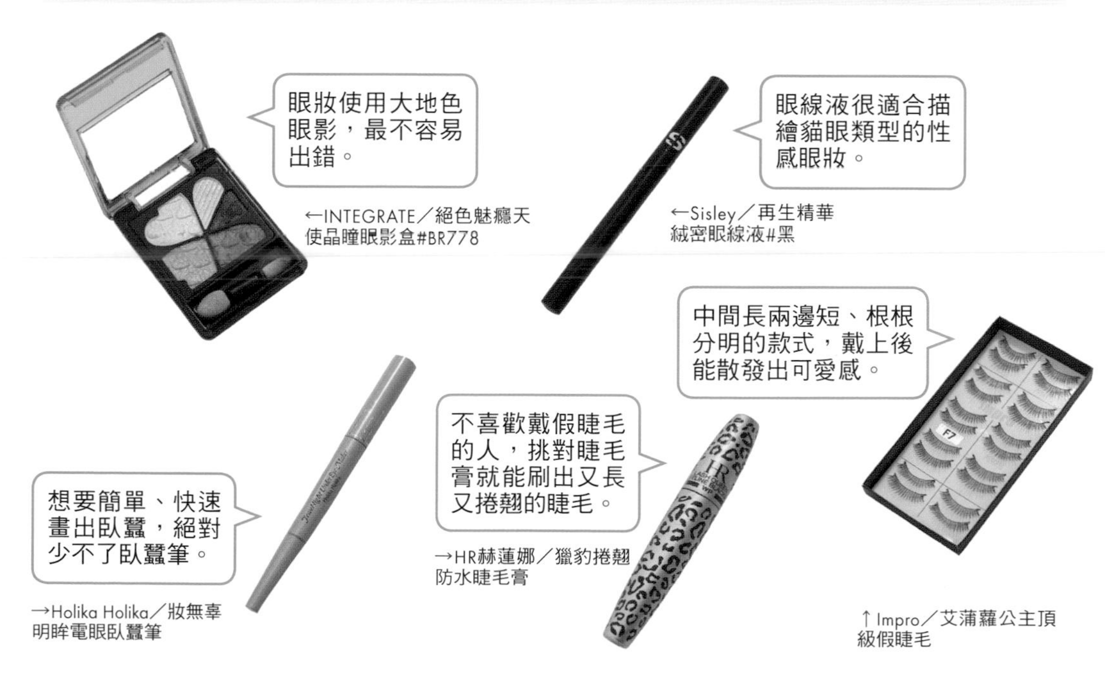

←INTEGRATE／絕色魅癮天使晶瞳眼影盒#BR778

←Sisley／再生精華絨密眼線液#黑

→HR赫蓮娜／獵豹捲翹防水睫毛膏

→Holika Holika／妝無辜明眸電眼臥蠶筆

↑Impro／艾蒲蘿公主頂級假睫毛

清純大眼妝

重點 稍微拉長的細眼線、大地色眼影、刷上下睫毛膏

清純感的大眼妝，不需在眼影做太多的畫法，只需準備大地色眼影即可。首先畫一條靠近睫毛根部，細細的眼線，畫到眼尾稍微平拉出去。接下來用淺色打亮整個眼窩，再用深咖啡色疊在眼尾，並稍微暈染、拉長。因為要呈現清純感，所以這裡用睫毛膏刷上下睫毛，刷出根根分明的感覺就好了。

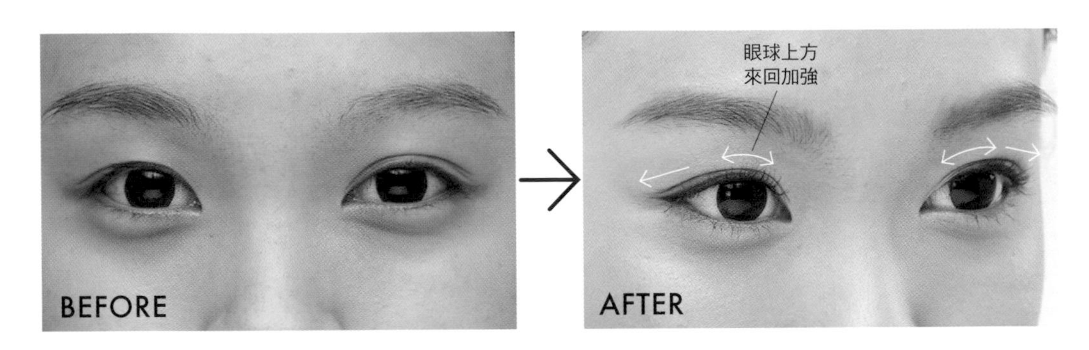

無辜臥蠶眼妝

重點 細眼線、中間長前後短的假睫毛、楚楚可憐的臥蠶、深色眼影畫眼尾ㄑ字，並暈染到眼窩假雙位置

想要散發出楚楚可憐的感覺，絕對少不了臥蠶！首先用淺色眼影塗滿整個眼窩，深色眼影畫在眼尾ㄑ字位置，並暈染到眼窩的假雙位置。戴上中間長前後短的假睫毛，創造出無辜感。最重要的關鍵，就是要利用臥蠶筆亮的那一頭，在眼球正下方前後塗抹，然後用棉花棒來暈染。畫好後再用臥蠶筆暗的那一頭畫在臥蠶下方，稍微暈出界線。

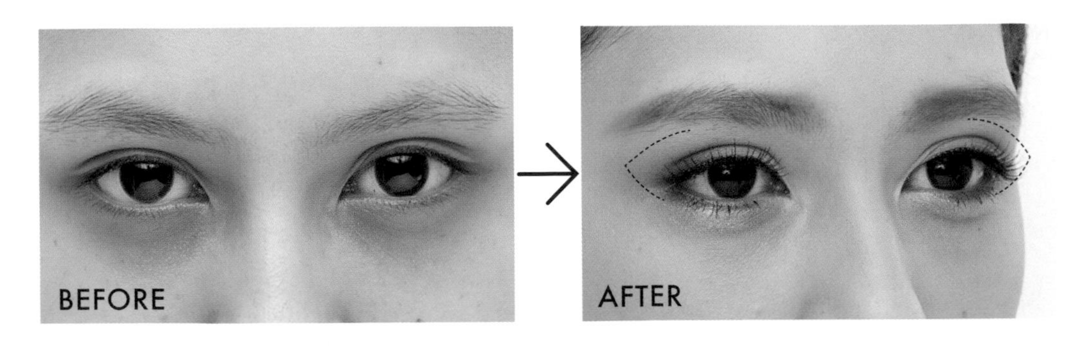

性感貓眼妝

重點 上揚拉長眼線、前短後長假睫毛、深色眼影畫眼尾ㄑ字

韓系妝容絕對少不了性感貓眼妝，想畫出這樣的妝感，最重要的就是畫出上揚、拉長的眼線。首先用淡色眼影打亮眼窩，再用深色眼影畫在眼尾ㄑ字的位置，然後畫出上揚拉長的貓眼眼線，眼頭部位也別忘了勾出小三角形的位置，最後戴上前短後長假睫毛，就能讓眼神看起來好性感！

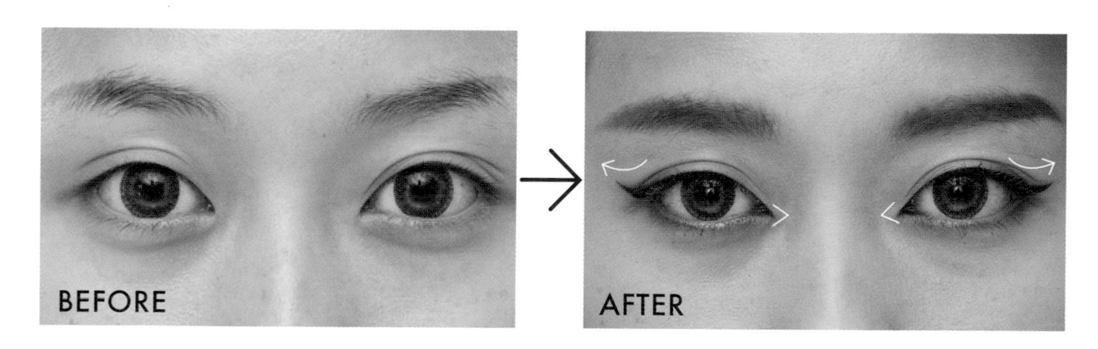

個性煙燻眼妝

重點 全框式眼線、根根分明假睫毛、兩種深色眼影交疊出漸層感

煙燻眼妝因為使用的眼影顏色較重，所以整體妝感會看起來比較個性。重點是要用兩種深色眼影來交疊，可以用深藍色眼影塗滿整個雙眼皮折痕內，再用黑灰色塗在雙眼皮折痕上圍與眼尾ㄑ字部位，再往上做出漸層暈染，並畫出全框式眼線。

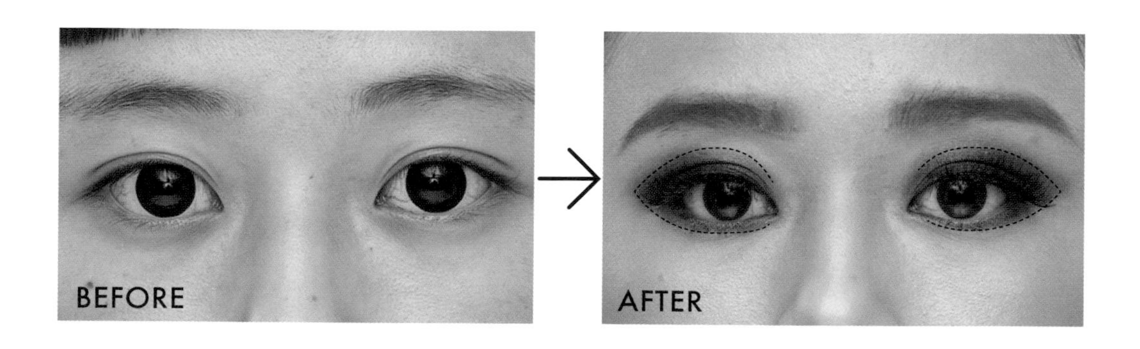

腮紅這樣畫，修飾臉型好氣色！

腮紅的畫法和眼妝不同，不需要太複雜的畫法，只要依畫的範圍、塗抹的方向不同，就能讓妝容有不同的風格。不同的妝感要搭配不同的腮紅，例如可愛、性感、成熟、個性等等，以下依各種不同風格來介紹。

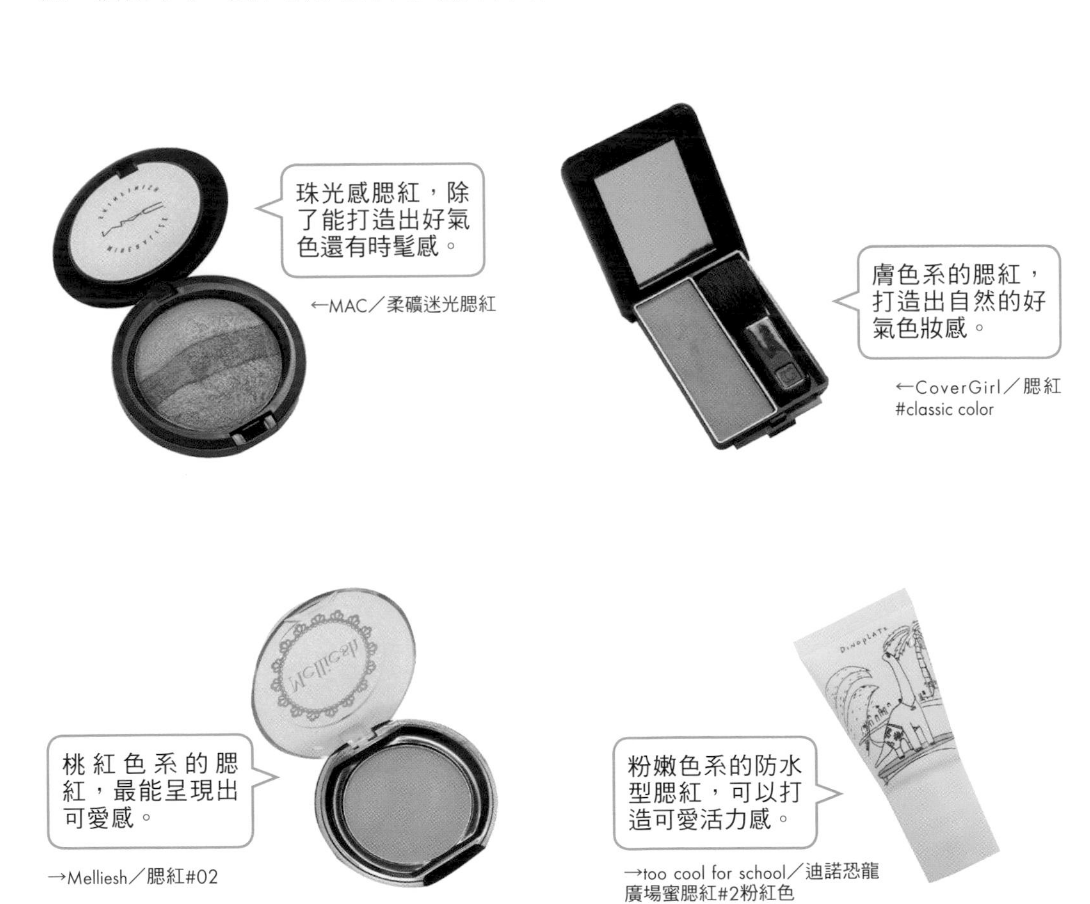

←MAC／柔礦迷光腮紅

←CoverGirl／腮紅#classic color

→Melliesh／腮紅#02

→too cool for school／迪諾恐龍廣場蜜腮紅#2粉紅色

可愛潮紅腮

將腮紅位置往上畫，畫在眼睛下方，就是日本最紅的「潮紅妝」，這樣能打造出可愛又帶點小性感的魅力。顏色可以選桃粉、粉紅色，最能散發出可愛感。

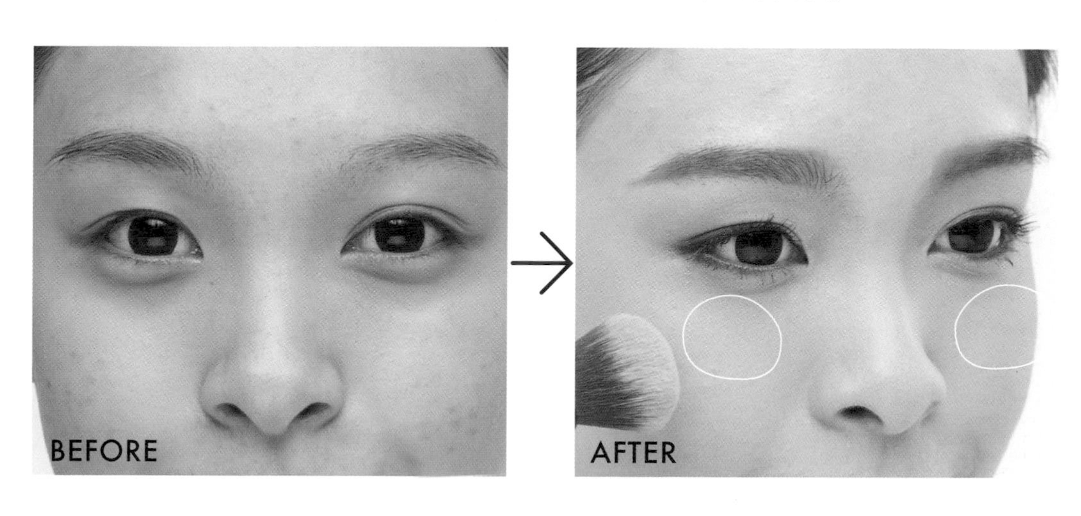

嬌羞清純腮

想要散發出害羞、嬌羞的感覺，可以刷上粉色腮紅，位置要從眼角的部位斜畫下來，增加臉部的紅潤感，又帶點差澀的氣息。

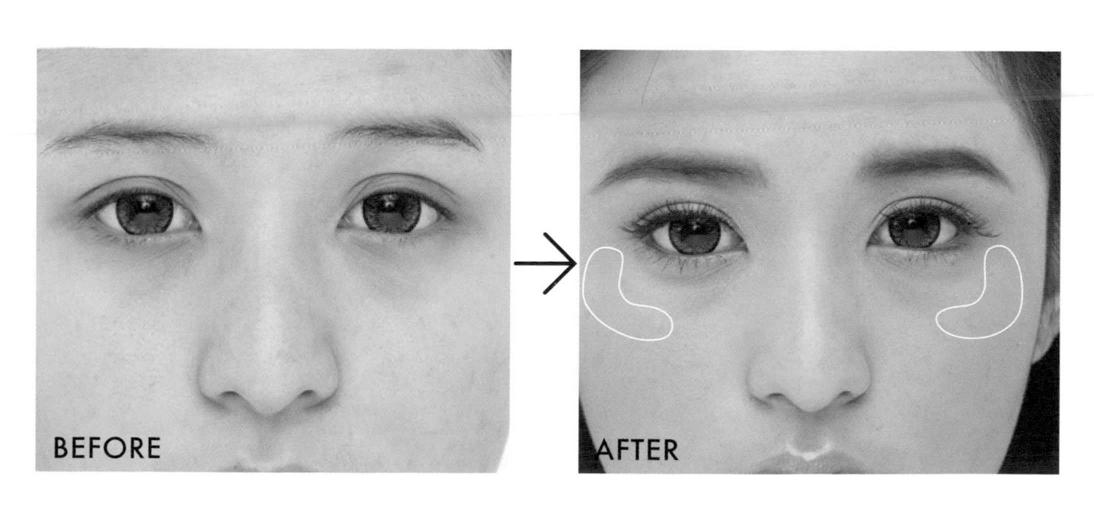

甜美好感腮

將腮紅按壓在蘋果肌的位置，壓完後再稍微用手暈開來，除了能散發出甜美的感覺，還能打造出好氣色肌膚喔！

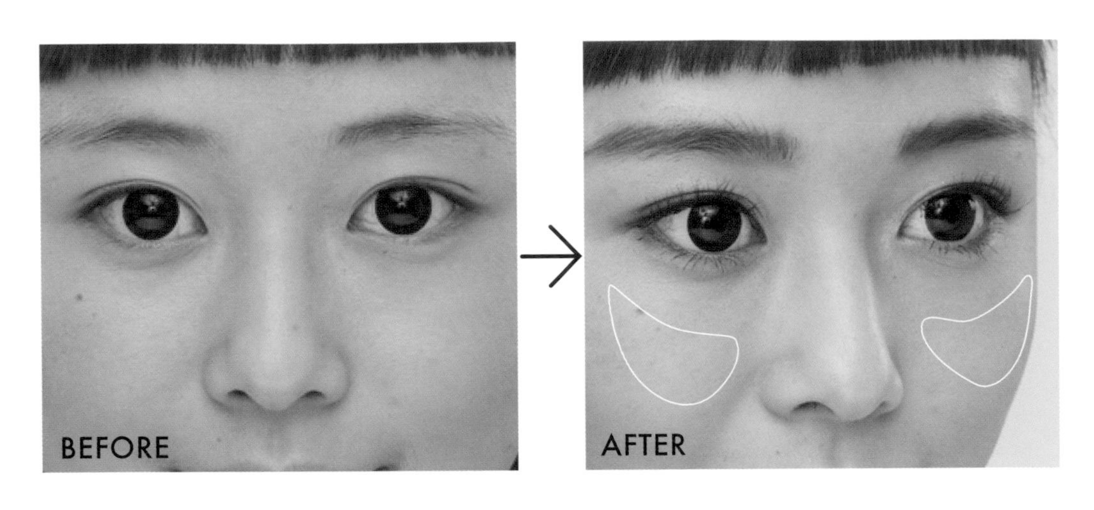

性感魅力腮

想要讓整體妝容看起來更性感、具有魅力，那就要將腮紅斜畫在顴骨的位置，顏色可以選擇偏橘色、粉膚色的，不要選到桃紅色，這樣才能有成熟風。

唇彩這樣畫，打造誘人雙唇！

唇彩具有畫龍點睛的魅力，受到韓劇的影響，現在越來越多人喜歡畫韓系的咬唇妝，它可以呈現出清純又帶點小性感的風格。除此之外，大紅色的性感唇、充滿Q彈水嫩的可愛唇，依畫法不同所呈現的風格也不同。

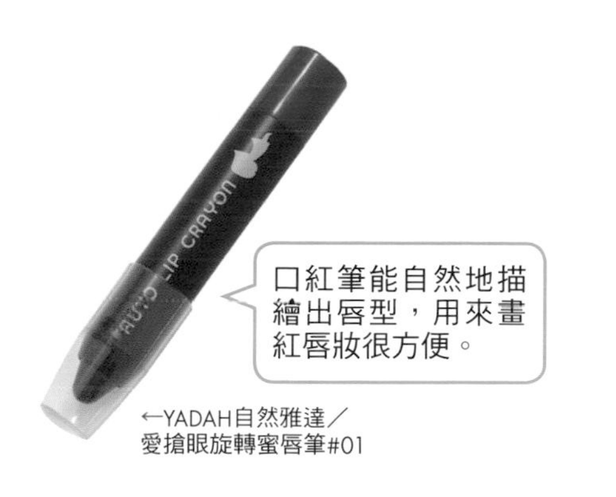

口紅筆能自然地描繪出唇型，用來畫紅唇妝很方便。

←YADAH自然雅達／愛搶眼旋轉蜜唇筆#01

塗完唇膏後再塗一層唇蜜，能讓唇部看起來水潤有光澤。

←Visée／唇蜜

這種是韓式的唇露，很適合用來畫出咬唇妝感。

→CLIO／熱艷沸點釉光染唇蜜#7

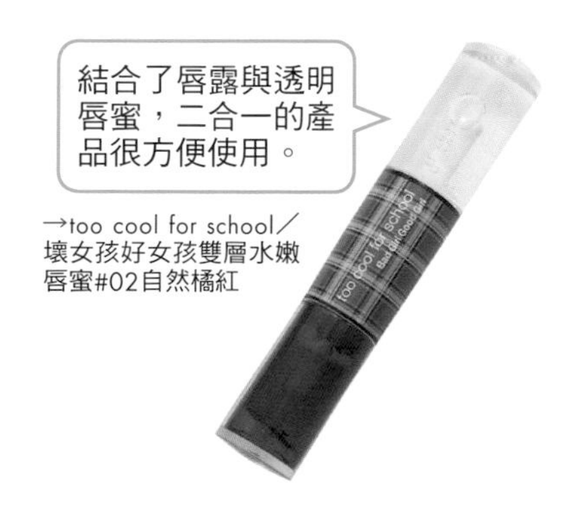

結合了唇露與透明唇蜜，二合一的產品很方便使用。

→too cool for school／壞女孩好女孩雙層水嫩唇蜜#02自然橘紅

Q彈水潤唇

嘴唇如果有乾燥、脫皮的狀況可是NG的，因此在塗口紅前可以先擦上護唇膏先滋潤一下，接下來在整個嘴唇塗上唇膏，最後塗上唇蜜，就能讓嘴唇看起來Q彈又水潤，增添可愛感。

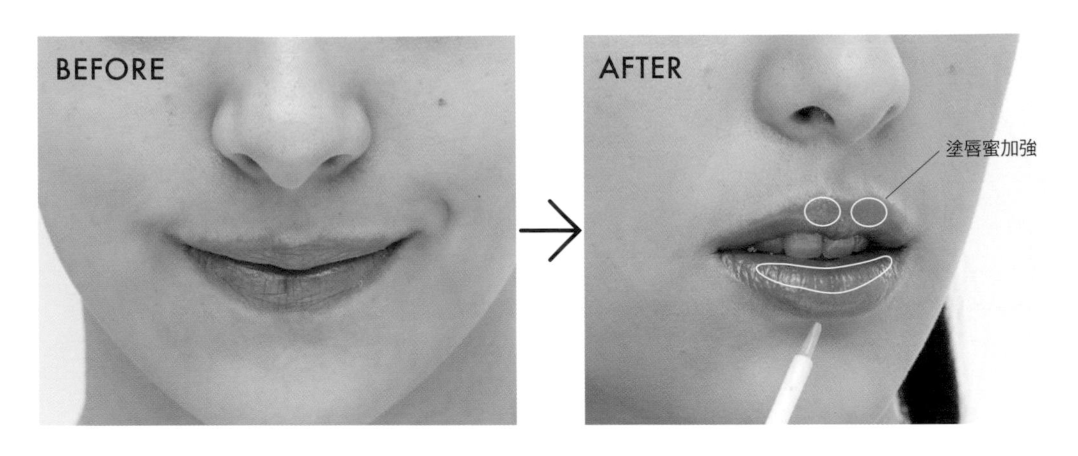

清純咬唇妝

韓系咬唇妝的畫法其實很簡單，首先用少量BB霜遮蓋唇部的顏色，再塗上珠光修飾乳，可以畫在超過唇型位置的邊緣，打造嘴唇的立體感。接著用唇露畫在上下唇部內側，再往外用棉花棒按壓出來，畫好後在唇部中間擦上玫瑰護唇膏就完成了。唇露如果使用偏大紅色系，整個妝感又會偏性感，使用不同的唇彩色來搭配不同的妝容，能呈現出不一樣的妝感喔！

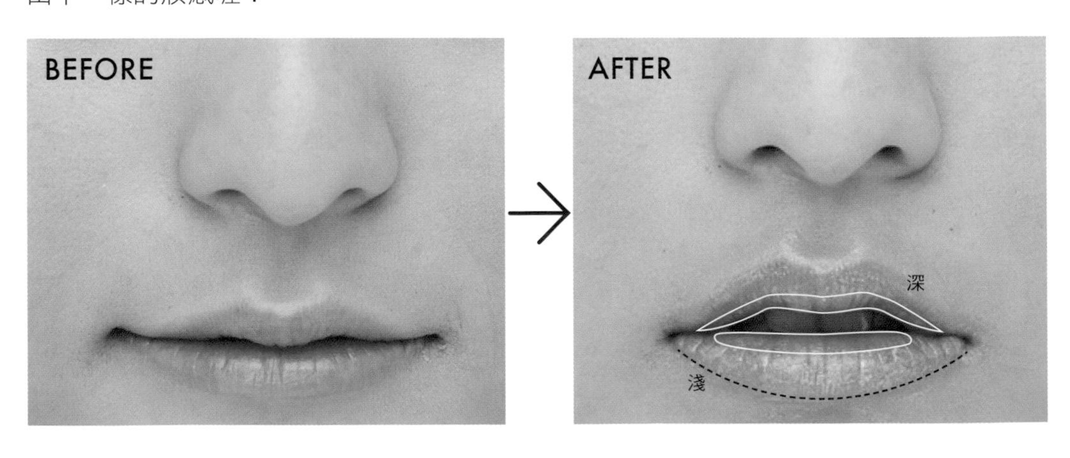

性感嘟嘟唇

想要讓嘴唇看起來比較厚，打造出性感魅力，可以用唇膏刻意塗滿整個嘴唇，稍微塗超出唇部範圍，並用唇線筆描繪唇型，就能打造豐唇的感覺。最後在上下嘴唇中間塗上唇蜜，並往兩旁暈開，能增加唇部的水潤感。

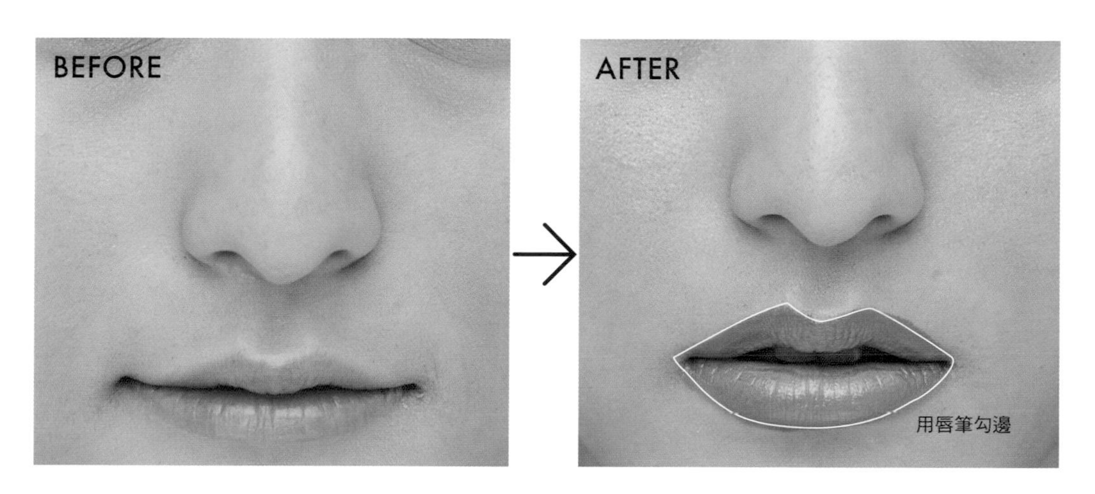

時髦紅唇妝

用小刷子沾上遮瑕膏描繪唇部邊緣，邊線要淡淡的不要太明顯，這樣能讓唇型更立體。最後用蓋圖章按壓的方式畫上紅色唇膏，畫好後再用紅色口紅筆塗滿唇部，這樣畫出的紅唇就會具有時髦感。

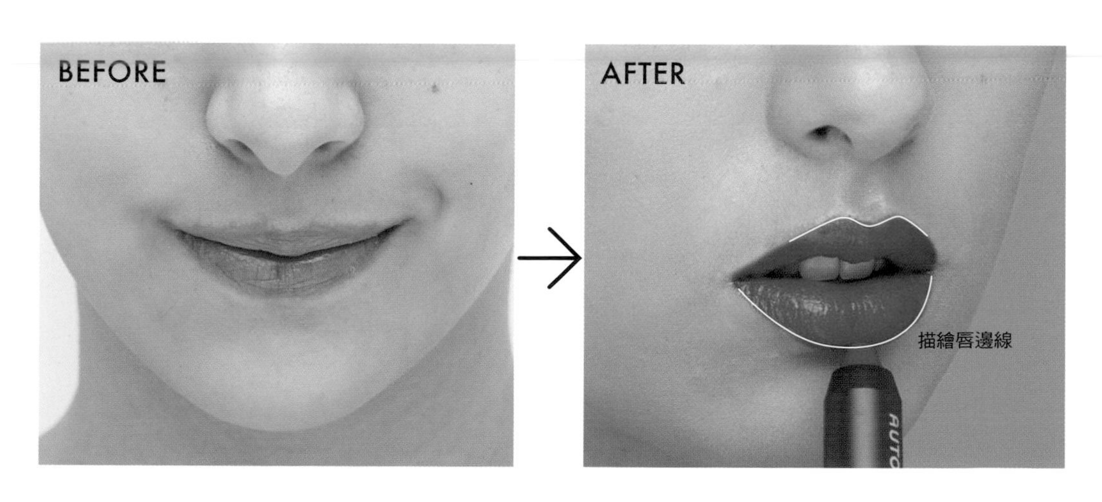

MAKE-UP SKILLS

Need To Know The Best New Make-Up Skills

PART

3 實戰技巧大公開！**春夏秋冬魅力妝**

明星御用彩妝造型師，教你畫出春天的清新妝容、夏天的活力妝容、秋天的氣質妝容、冬天的性感妝容，讓你一年365天都漂亮有型！

CHOOSE YOUR SPRING LOOKS

Lesson 10
適合春天の優雅輕裸妝

無暇
好感妝
Key Point
深咖啡色打造深邃感
眼線畫在黑眼球上方

這是一個簡單快速就能完成的妝容，是上班、上學、趕時間出門最適合畫的妝。眼線只畫在黑眼球上方，這樣可以增加眼神的深邃度，而眼尾折痕疊上深咖啡色，能讓眼睛變更大更有神！

Make Up Item

❶RIMMEL／眼影盤 ❷植村秀Shu uemura／絲滑持久眼線膠#2棕色 ❸SANA／Powerstyle 魔力超防水睫毛膏 ❹KATE／造型眉彩餅 ❺CLIO／不斷電持色眉膠筆#02淺棕 ❻banila co／腮紅 ❼YADAH自然雅達／迷漾潤彩蜜唇膏#04橘子汽水 ❽Rosebud Salve／玫瑰花蕾膏

Step by Step

1 底妝用P.36的畫法，畫出3D清透底妝。

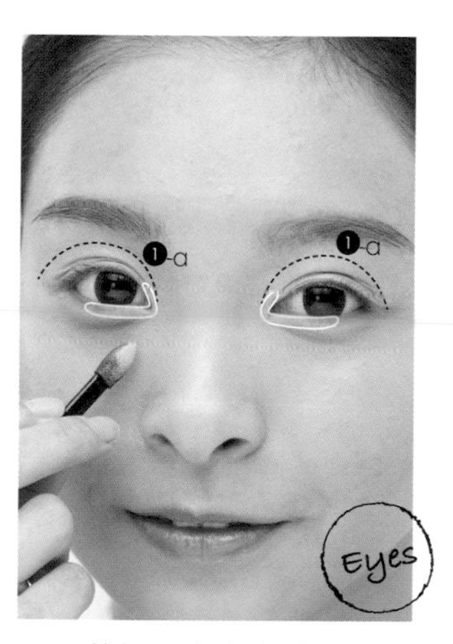

2 整個眼窩畫上淡淡的粉紅色❶-a，淡粉色有修飾黑眼圈的效果，畫完後繼續在下眼頭到眼球的位置，疊上淡淡粉色。

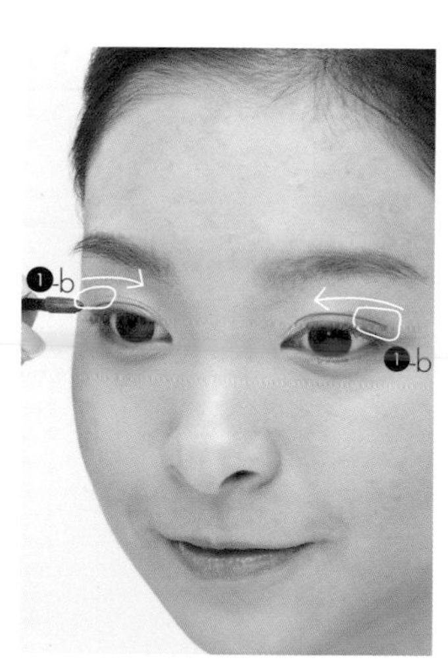

3 深咖啡色❶-b畫在睫毛根部，從眼尾開始畫，慢慢暈染到眼頭，畫到眼球正上方時，要再加強來回畫重一點。

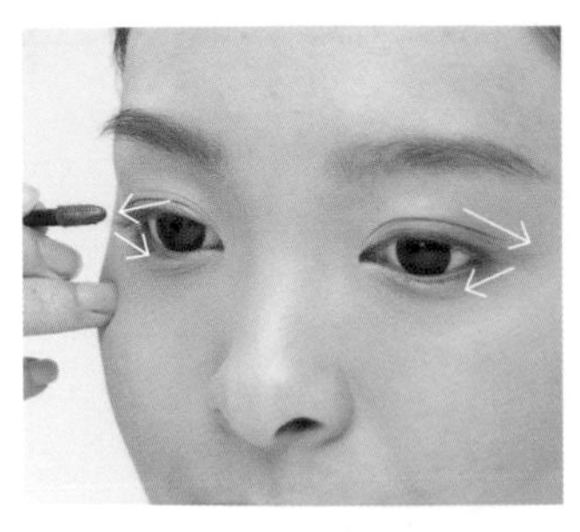

4 深咖啡色❶-b從眼尾畫到眼球正下方。眼尾雙眼皮折痕的地方可以再疊上深咖啡色，能讓眼睛看起來更大更圓。

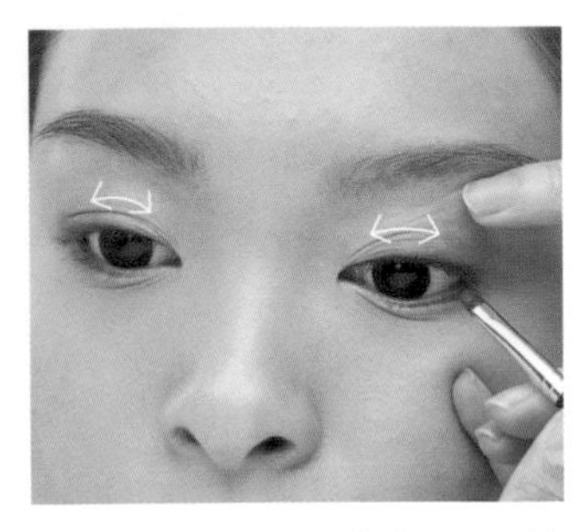

5 用眼線膠❷畫在內眼線的黑眼球上方，可來回畫加深眼神的深邃度。

6 夾翹睫毛後刷上下睫毛❸，黑眼球上方可加強多刷幾次，能讓眼睛看起來又大又圓。

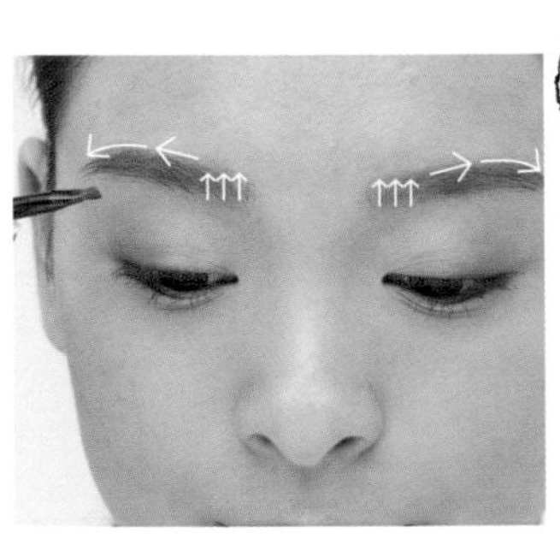

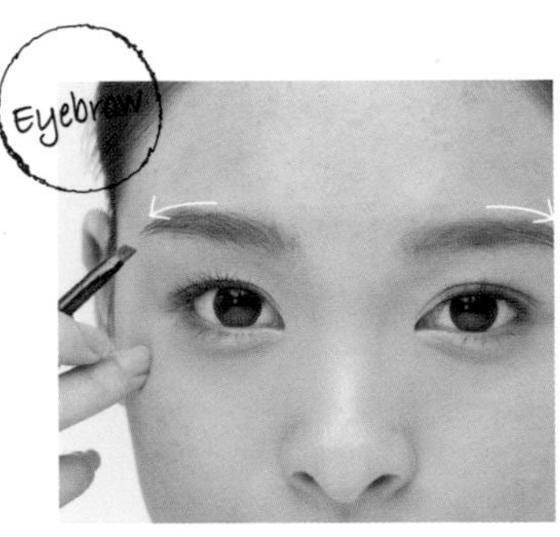

7 從眉頭往後一點的位置畫上眉粉❹（顏色依自己眉毛顏色來搭配），再往眉頭暈染開，眉頭可以用螺旋刷來刷順，讓眉型更柔和。接下來用眉膠筆❺從眉毛中段畫到眉尾，眉尾可以畫圓弧一點，看起來會比較可愛。

8 膚色腮紅膏❻畫在眼下蘋果肌的地方，位置不要超過眼尾，否則容易讓臉膨脹，如圖中區塊即可。

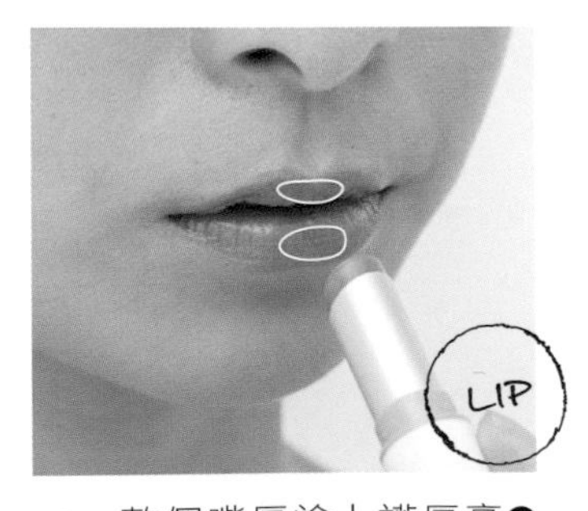

9 整個嘴唇塗上護唇膏❼，塗完後可以在上下唇部中間塗玫瑰護唇膏❽，增加嘴唇的水潤感。

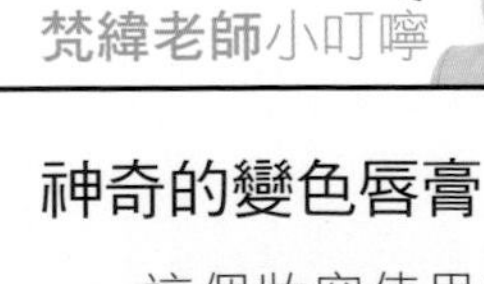

梵緯老師小叮嚀

神奇的變色唇膏

這個妝容使用的是變色唇膏，它會依你的體溫變色，當你緊張、害羞、身體發熱時，唇部就會變紅，看起來氣色更好唷！

→YADAH自然雅達／迷漾潤彩蜜唇膏

韓系柔光晶透妝
Key Point
3D清透底妝打底
內眼線拉長的隱形眼線

想要像韓妞一樣，畫出裸妝感的清透妝容，重點就在於能呈現裸肌感的底妝，搭配韓系平粗眉、內眼線拉長的隱形眼線、霧唇。這個妝容結合了韓系彩妝的多種元素，能讓皮膚看起來清透有質感，打造出自然好感肌！

Make Up Item

❶MAYBELLINE／超激細抗暈眼線液 ❷INTEGRATE／絕色魅瘾天使晶瞳眼影盒 ❸BCL EX亮眼防水兩用眉筆 ❹MAYBELLINE／腮紅膏 ❺too cool for school／誘色魅力唇膏#3

Step by Step

1 底妝用P.36的畫法，畫出3D清透底妝。

2 畫一條細細的眼線❶，從眼球中段畫到眼尾平拉出去，再從眼球中段畫到眼頭。畫的時候盡量靠近睫毛根部，畫出細細的隱形內眼線，眼球中間可以來回加強。

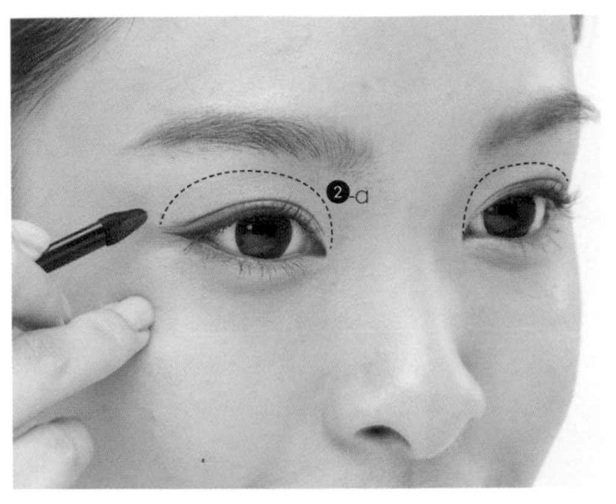

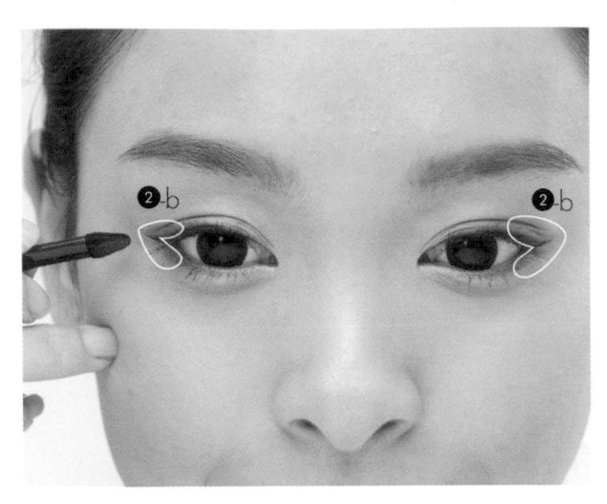

3 先用淺色眼影❷-a打亮整個眼窩，再用深咖啡色眼影❷-b，疊在眼尾的部位再暈染，畫的時候可稍微拉長。

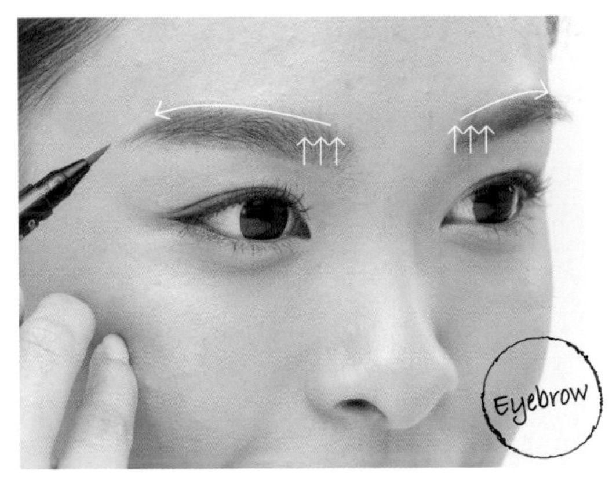

4 從眉頭後方依自己的眉型畫出一字型平眉❸，眉頭用❸的另一頭，往上畫出眉束感。

5 光澤感的大地色腮紅❹，斜畫在顴骨的位置。

6 使用霧面的口紅❺畫滿整個嘴唇，畫的時候要用按的、像蓋圖章的方式，不能用推塗的。畫完後可以在嘴唇周圍輪廓按壓少量的蜜粉。

蜜糖
粉嫩妝
Key Point
雲朵式漸層眼影
無辜感的平粗眉

想要讓自己看起來甜美又可愛，只要利用漸層的眼影、無辜感的平粗眉、粉色嘟嘟唇，就能打造出甜美女孩的妝容！

Make Up Item

❶INTEGRATE／絕色魅癮天使晶瞳眼影盒#VI221 ❷CLIO／魅黑防水濃烈眼線液筆#01黑 ❸HR赫蓮娜／獵豹捲翹防水睫毛膏 ❹D.U.P／假睫毛 ❺CLIO／眉關係超持久雙頭眉筆#02淺棕 ❻KATE／造型眉彩餅 ❼CLIO／魔幻吻痕光感持色唇膏#11粉色 ❽Lovely ME:EX／唇蜜 ❾innisfree／礦質腮紅#嬰兒粉

Step by Step

1 底妝用P.36的畫法，畫出3D清透底妝。

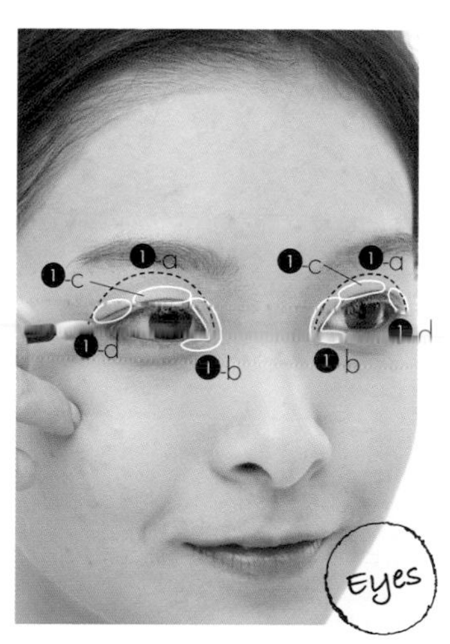

2 整個眼窩先畫白色眼影❶-a打底，眼頭則畫最淡的粉色❶-b，眼球上方畫粉色❶-c，眼尾畫上紫色❶-d。

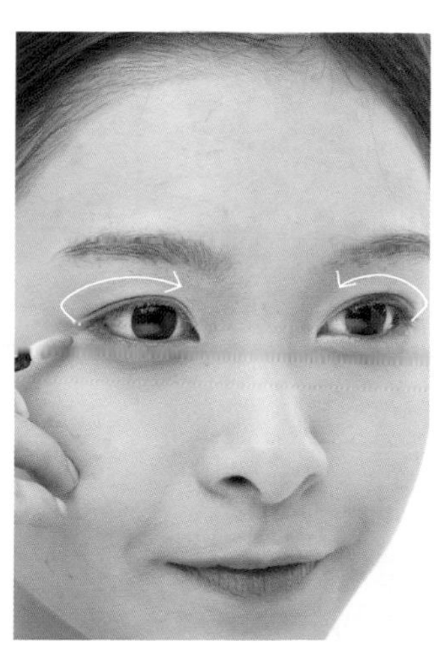

3 因為粉色系容易讓眼睛膨脹，所以眼窩最上方（按壓眼球的凹陷處），輕輕疊一點點咖啡色❶-e並暈染開，打造出眼睛的深邃度。

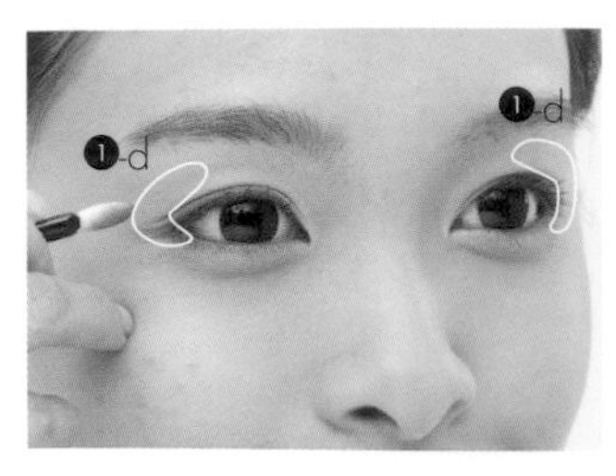

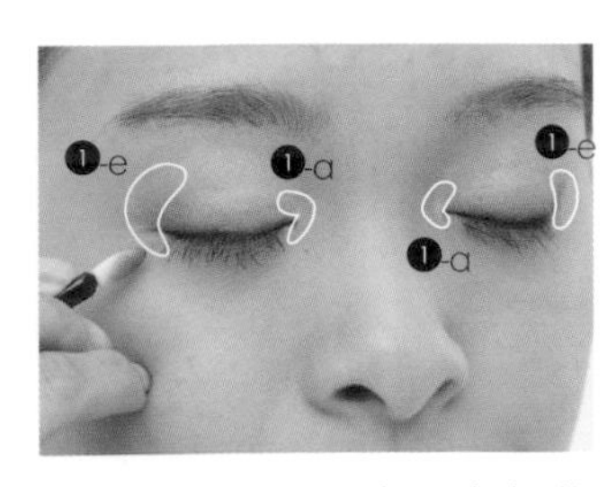

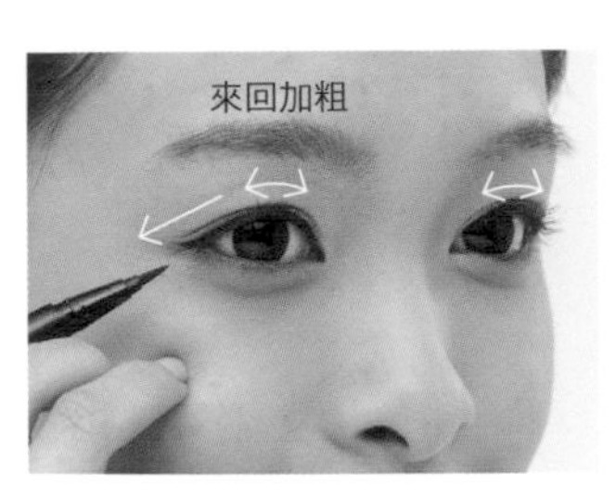

4 上眼球到眼尾的地方再疊上紫色❶-d，並往眼窩上漸層暈開。下眼球到眼尾也疊上紫色，在眼尾處要特別加強，可以讓眼睛更圓更甜美。

5 ❶-a畫眼頭的く字部位後，再將深咖啡色眼影❶-e疊在眼線根部、眼尾的く字部位。反覆用這三種顏色疊加並暈染開來，就能畫出眼睛的層次感。

6 從睫毛根部畫細細眼線❷，畫到眼尾可拉長一點，眼球正上方要畫粗一點點。眼線畫好後，於眼線的位置再用咖啡色❶-e眼影疊加上去，眼尾く字也要畫。

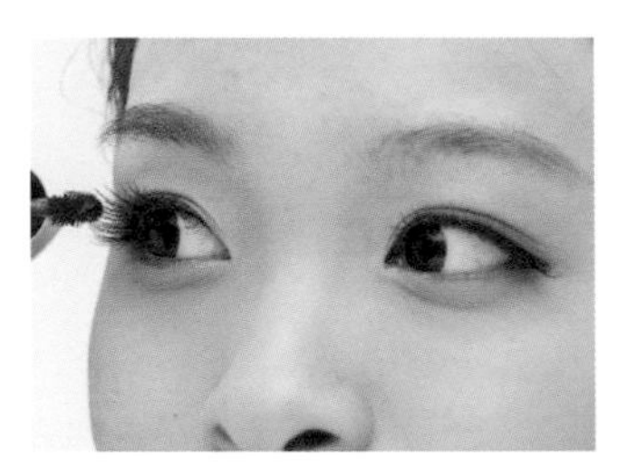

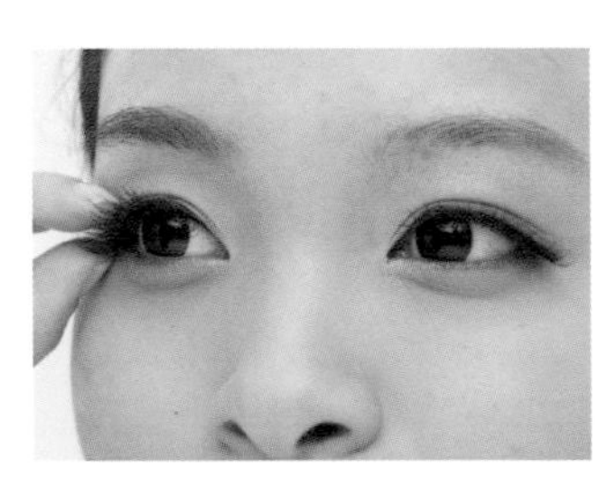

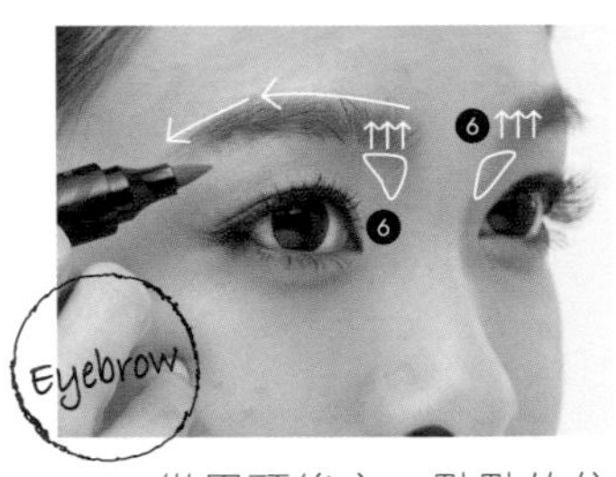

7 夾翹睫毛後，上下睫毛都刷上睫毛膏❸，再戴上假睫毛❹。戴假睫毛的時候要黏靠近睫毛根部，但不要戴太中間，可以往靠近眼尾的地方戴上，讓眼睛有拉長變大的效果。戴上後再刷一層睫毛膏，讓真假睫毛更密合。

8 從眉頭後方一點點的位置開始畫，畫出平平的一字眉❺，尾端則稍微往下畫。眉頭三角形的位置用眉粉❻來畫，能讓臉部更有立體感。

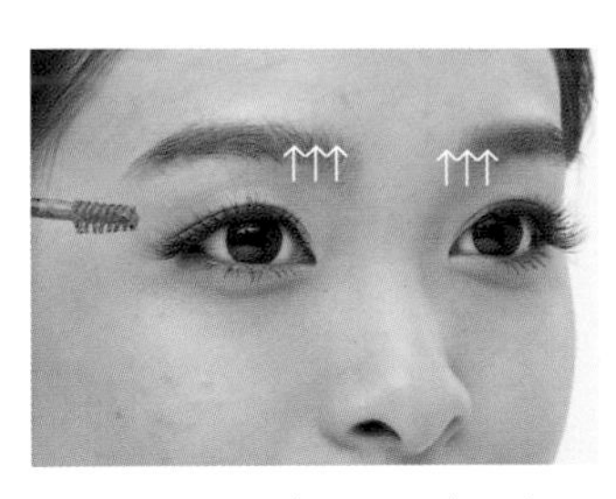

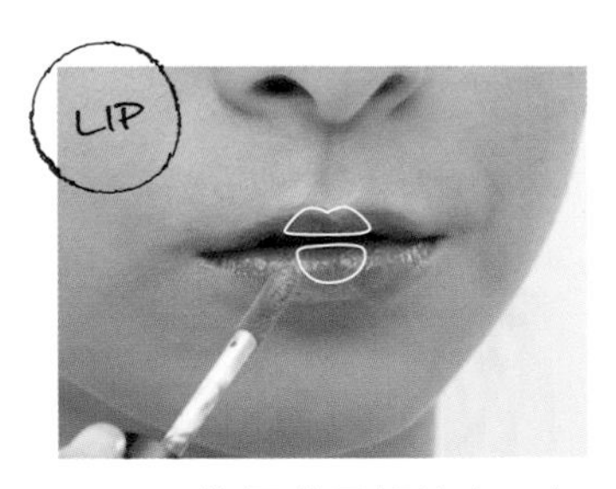

9 用染眉膏❺再刷一次，增加眉毛的毛流感。眉頭往上刷，眉毛則先逆刷再順刷。

10 整個嘴唇都塗上口紅❼，再於唇峰、下唇下方特別加強，並用唇刷暈開，然後按壓少量BB霜在唇上。最後在上下唇部的中間塗上唇蜜❽。

11 圖中位置用打圈的方式往上勾畫腮紅❾，讓妝容看起來更甜美。

無辜
懵眼妝
Key Point
眉頭暈染打造柔和感
畫出楚楚可憐的臥蠶

無辜大眼的妝感，最重要的關鍵在於「臥蠶」！使用臥蠶筆畫出臥蠶，再用眉粉畫出柔和的眉毛，搭配漸層感的眼影、嘟嘟Q彈讓人好想咬一口的嘴唇，就能完美呈現出無辜惹人憐愛的感覺！

Make Up Item

❶Dior／眼部彩妝盤 ❷KISS ME／花漾美姬閃耀淚眼深邃眼線筆 ❸HR赫蓮娜／獵豹捲翹防水睫毛膏 ❹ARDELL／假睫毛#110 ❺KATE／雙用立體眉彩筆 ❻CLIO／眉關係超持久雙頭眉筆#02淺棕 ❼Holika Holika／妝無辜明眸電眼臥蠶筆 ❽SHU UEMURA植村秀／腮紅 ❾YADAH自然雅達／愛搶眼旋轉蜜唇筆#04玫瑰珊瑚 ❿Visée／唇蜜

Step by Step

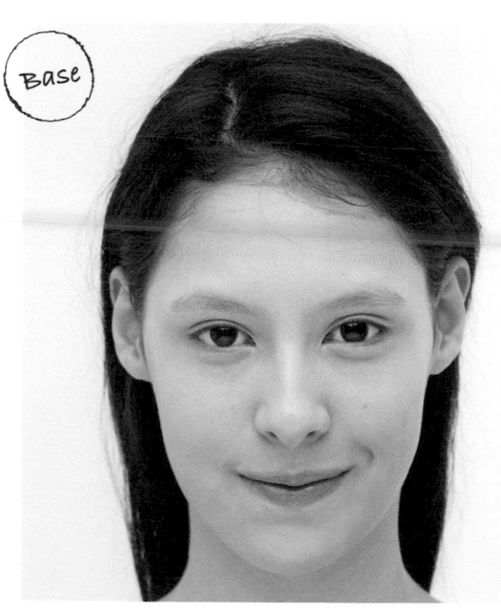

1 底妝用P.40的畫法，畫出陶瓷霧面底妝，讓肌膚看起來完美無瑕疵。

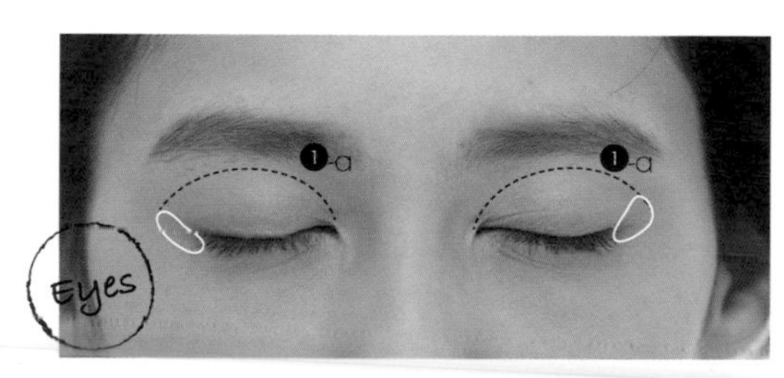

2 先用淺色眼影❶-a塗滿整個眼窩、眼尾く字位置，增加眼睛周圍的深邃度。

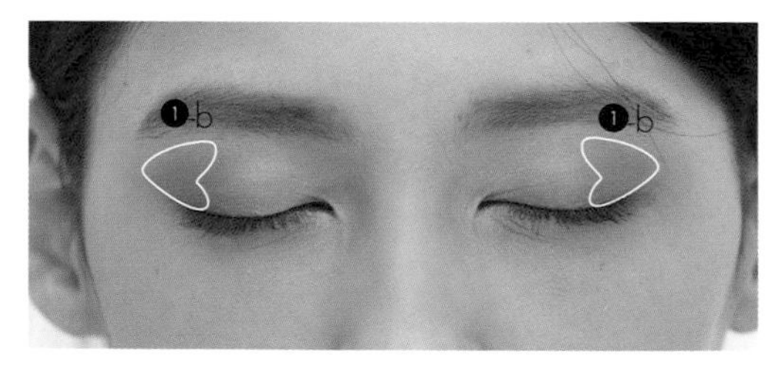

3 將❶-b先畫在眼尾後1/3處，再往上暈染開來，有點往上再勾圓暈開的方式。

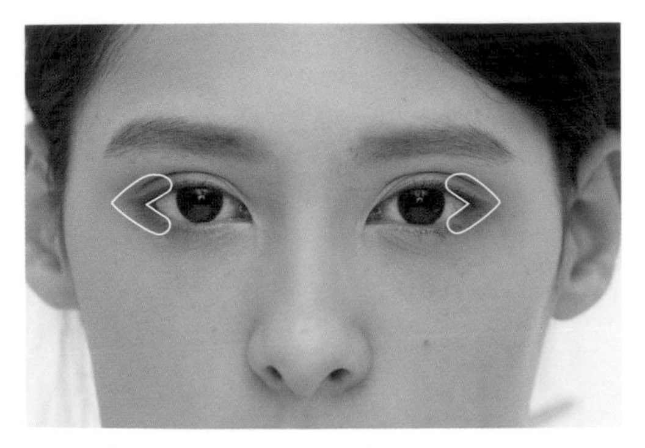

4 將❶-b畫在眼尾く字處。

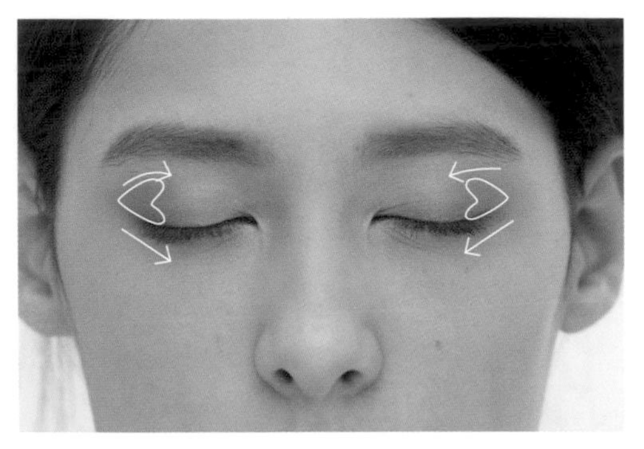

5 ❶-c畫在眼尾，畫好後再往前暈染到眼球中間，下眼尾也畫到眼球的位置。

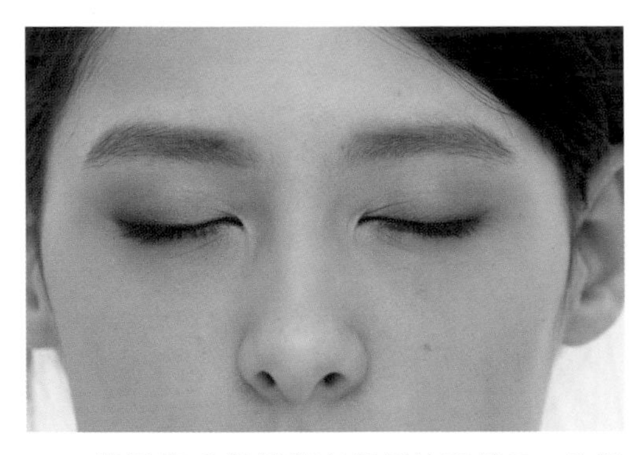

6 靠近睫毛根部畫出細細的眼線❷，內眼線也要畫。

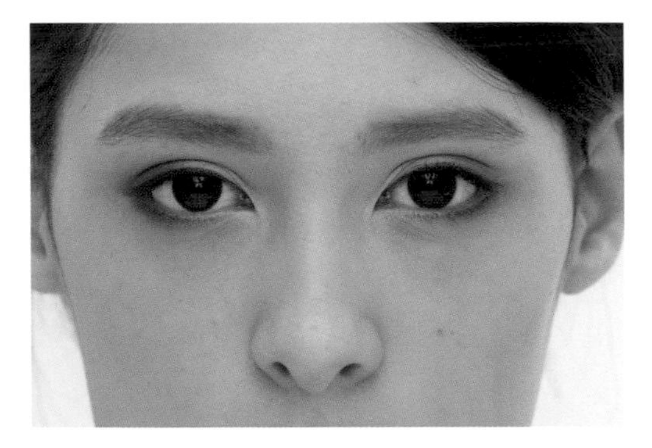

7 畫好眼線後，可以用眼線膠的刷子（不沾眼線膠），將眼線的位置再畫一次暈染開來，這樣可以讓眼神比較柔和。

8 夾翹睫毛並刷上一層睫毛膏❸，再戴假睫毛❹，假睫毛要靠近睫毛根部、對準眼球中間的位置戴，不要戴超過眼尾，否則眼神會變太性感。戴上後再刷一層睫毛膏，讓真假睫毛疊在一起。

9 假睫毛盡量要挑圓一點、根根分明，中間長兩邊短的款式。

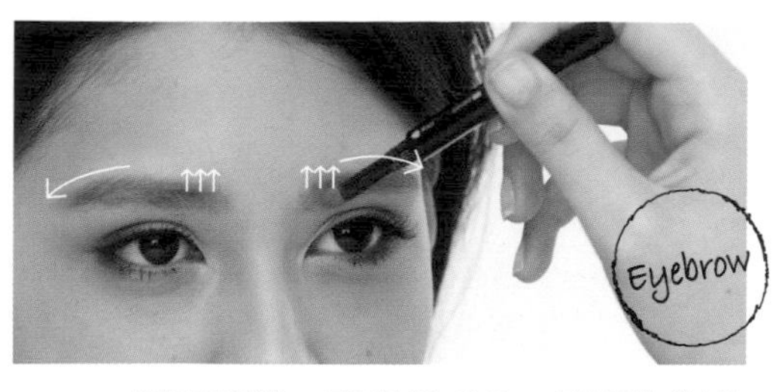

10 用眉粉那一頭畫眉毛❺，眉頭的部分用眉粉暈染開來，眉尾則稍微往下畫，畫出一字型稍微下垂的平粗眉，淡淡的平粗眉可以表現出無辜可愛感。

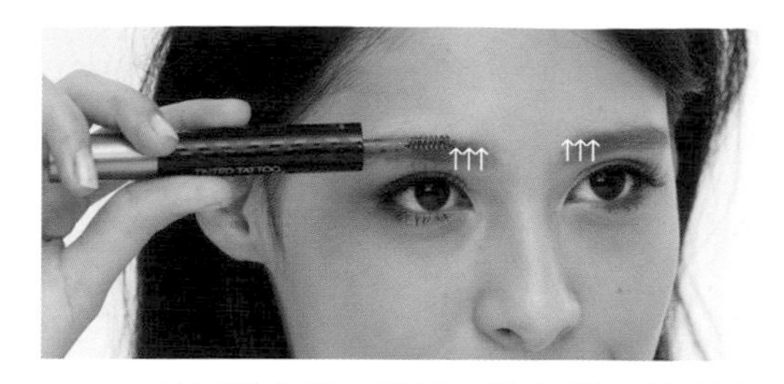

11 使用染眉膏❻從眉頭往上刷，能創造出眉束感，打造出天真可愛的感覺。

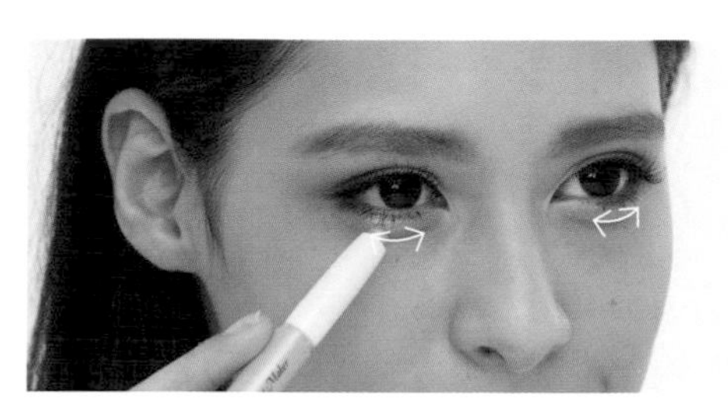

12 用臥蠶筆❼亮的那頭，在眼球正下方前後塗抹，用棉花棒來暈染。畫好後再用暗的那頭畫在臥蠶下方，再稍微暈出界線。

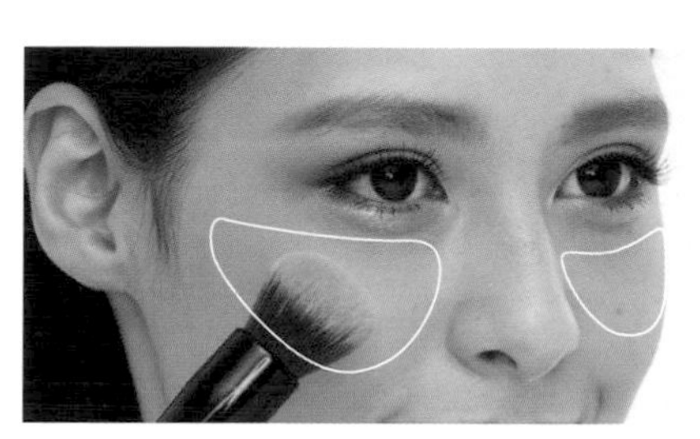

13 在圖中範圍內刷上腮紅❽，打造出可愛的感覺。

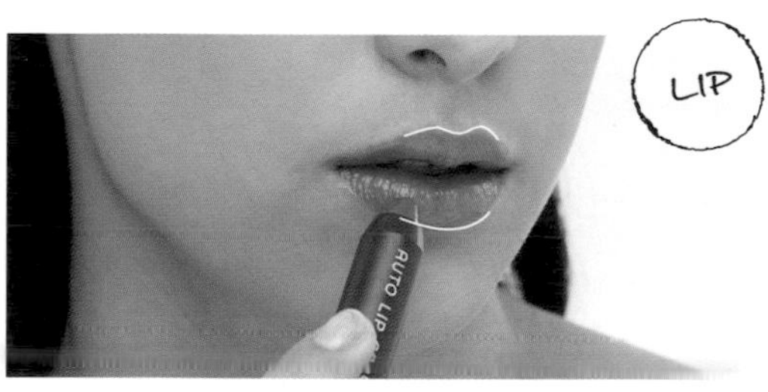

14 用口紅筆❾畫在唇的邊緣描繪出唇型，再用唇刷將畫的線條刷開。

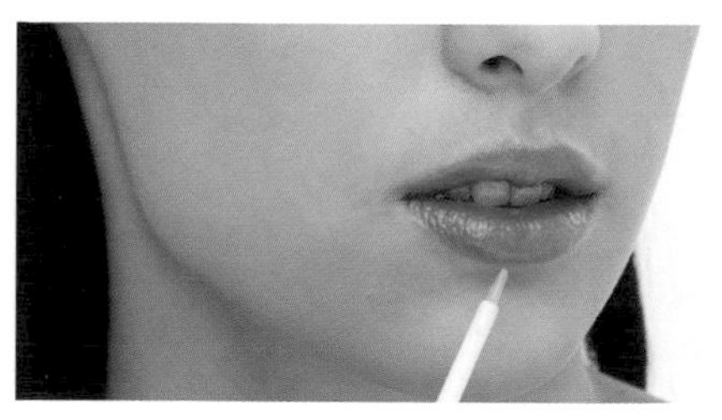

15 最後在整個嘴唇塗上唇蜜❿，打造出嘴唇水潤的感覺。

梵緯老師小叮嚀

讓眼影更好看的祕訣

想要讓眼影畫出好看的層次感，建議使用2～3個顏色層層堆疊暈染，重複眼影疊加的動作，才能讓眼睛更有層次感。深色眼影疊在眼尾，再往上做勾圓暈開的手法，是打造漸層眼影的關鍵技巧。

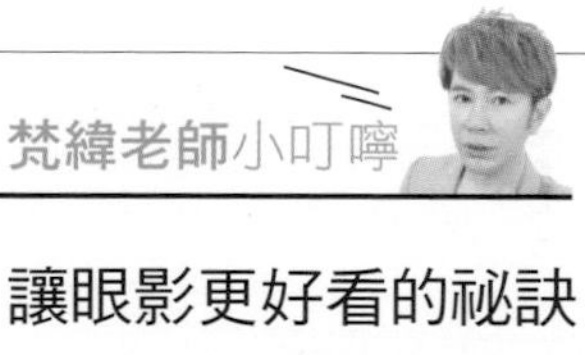

→Dior／眼部彩妝盤

桃花
戀愛妝
Key Point
眉毛往下畫
增添可愛感
夫妻宮畫桃
紅色腮紅

想要增加自己的桃花運，不彷畫上這個桃花戀愛妝吧！整個妝容以粉色調來呈現，搭配可愛的臥蠶、咬唇妝、暈染的柔和眉之外，最關鍵的步驟就是將腮紅畫在夫妻宮（太陽穴）的位置，讓整個人可愛又粉嫩，桃花運UP UP喔！

Make Up Item

❶INTEGRATE／絕色魅癮天使晶瞳眼影盒#4EEEB ❷Melliesh／腮紅#02 ❸too cool for school／美術課三色打亮餅 ❹YADAH自然雅達／愛搶眼旋轉眼膠筆#02浪漫棕 ❺HR赫蓮娜／獵豹捲翹防水睫毛膏 ❻PRINCESS／公主風假睫毛#806 ❼KATE／造型眉彩餅 ❽CLIO／熱艷沸點釉光染唇蜜#7淺桃紅 ❾BURBERRY／絲柔輕透粉底液#C275 ❿Rosebud Salve／玫瑰花蕾膏

Step by Step

1 底妝用P.38的畫法，畫出5D光澤底妝，讓肌膚呈現光澤的好感肌。

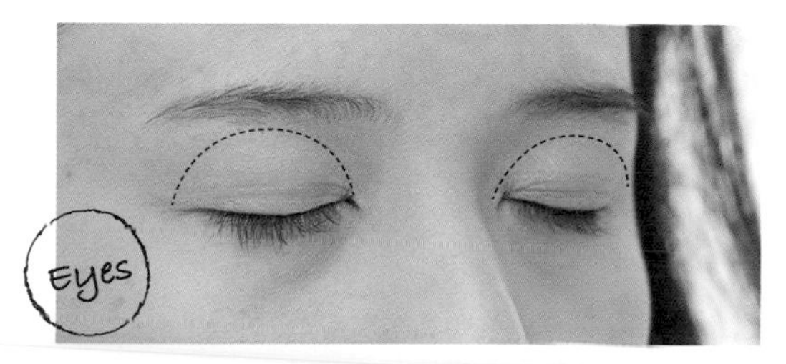

2 分別用產品❶a、產品❷，塗在整個眼窩來打底。

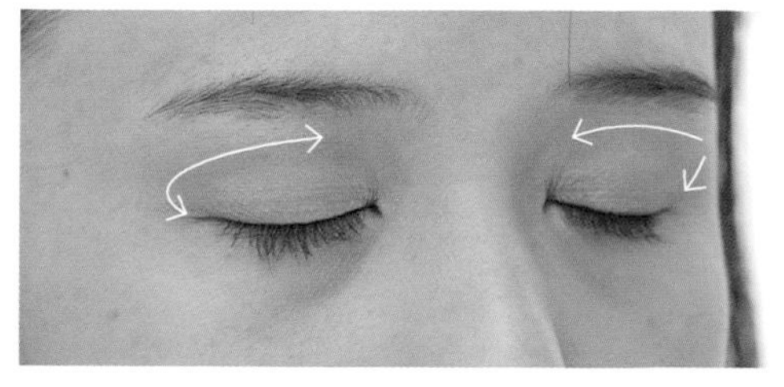

3 用修容粉❸-a，刷在眼窩的地方（眼球上方，用手壓凹下去的地方），畫下來跟眼尾連在一起。

4 靠近睫毛根部的地方，畫出一條細細的深咖啡色眼線❹，內眼線、下眼球到眼尾的部位也要畫到。畫好後可拿眼線刷再刷順眼線，讓眼神更柔和。

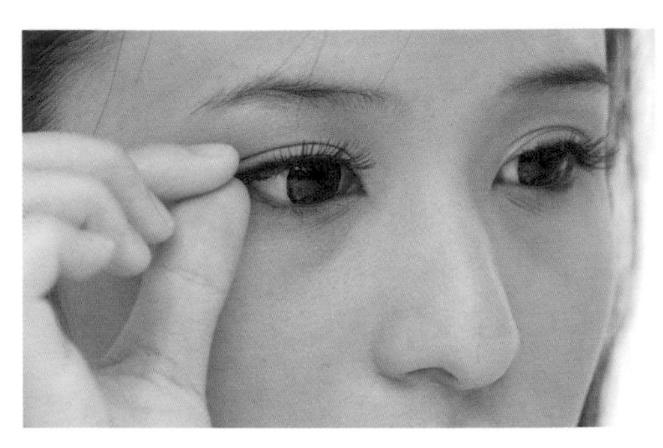

5 夾翹睫毛後，將睫毛刷上黑色睫毛膏❺，再戴上假睫毛❻。戴上後再刷一層睫毛膏，讓真假睫毛更密合。假睫毛選中間長兩邊短的款式，能打造出甜美的感覺。

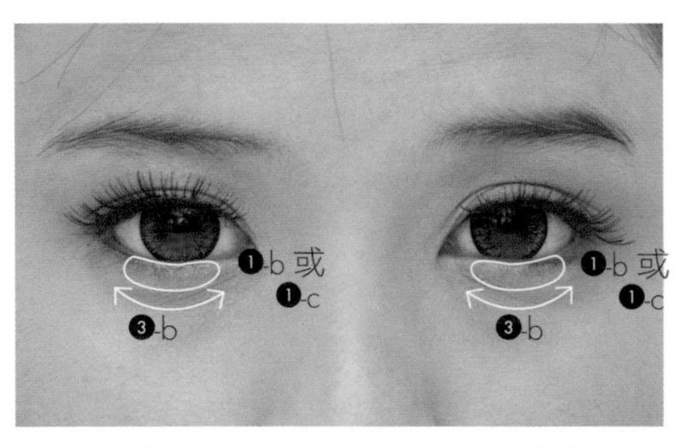

6 眼球正下方靠近睫毛根部的地方，用❶-b或是❶-c畫出臥蠶，再用修容粉❸-b畫在臥蠶底下（可以用小刷子或尖頭棉花棒）。

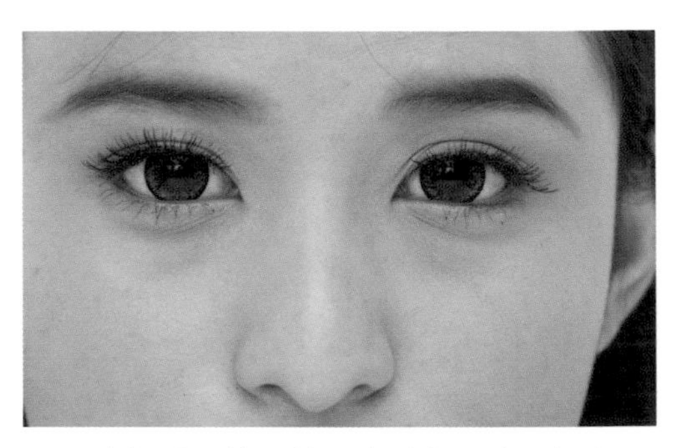

7 畫好臥蠶後，就用睫毛膏❺刷下睫毛。

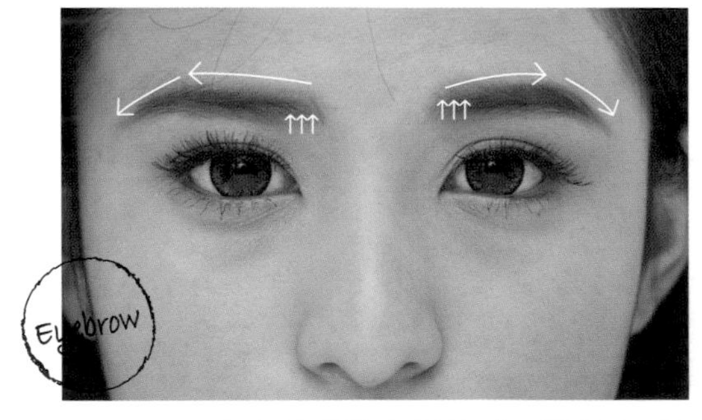

8 用❼-a畫在眉頭做出暈染感，再用❼-b畫整個眉毛的輪廓，顏色依自己的眉色來調配。畫到眉毛約2/3可稍微畫圓弧往下，打造出可愛感。

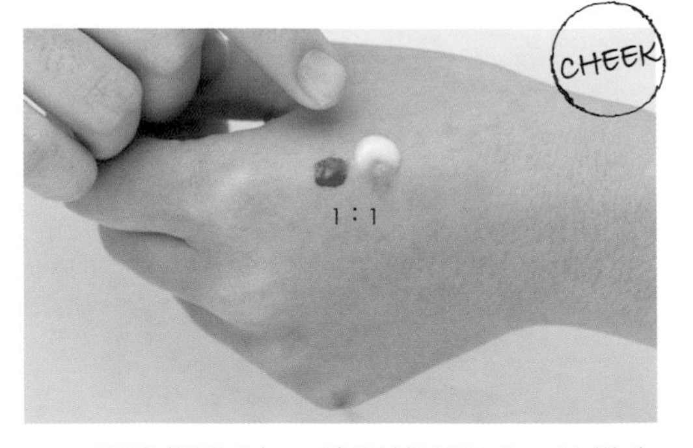

9 用唇頰霜❽加一滴隔離霜混合，這樣會比較好推在臉上。

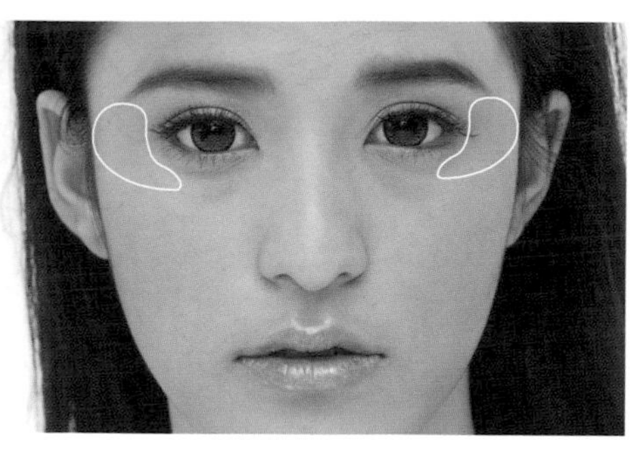

10 將混合隔離霜的唇頰霜，點在夫妻宮（太陽穴）的地方，讓桃花運更UP。

11 刷上粉色腮紅❷，從眼角斜畫下來，打造好氣色。

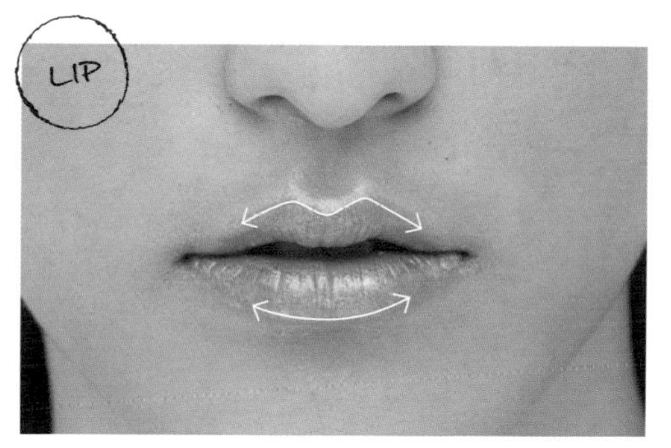

12 嘴唇上按壓少量的BB霜，遮蓋原本的唇色後，再塗上珠光修飾乳❾，可以畫超過唇型的位置，能讓嘴唇看起來更有立體感。

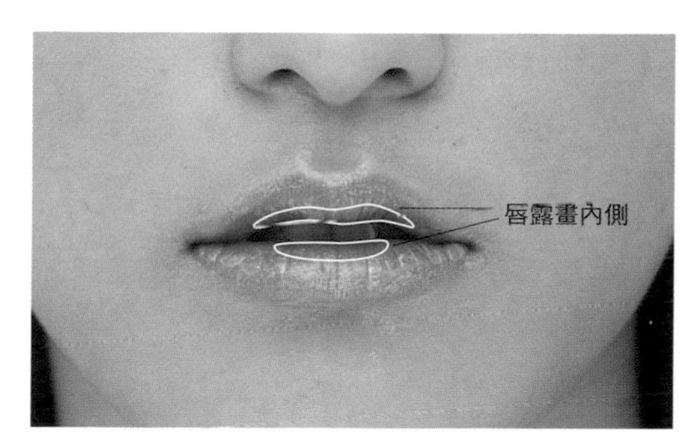

13 用唇露❽畫在上下唇部內側，再往外用棉花棒按壓出來，畫好後在唇部中間擦上玫瑰護唇膏❿，就能打造出韓系的咬唇妝感。

梵緯老師小叮嚀

讓妝容更完美的祕密

- **步驟1**：畫眼影之前，可以在眼皮上面塗粉底液，加強粉色、桃紅色眼影的顯色度，這樣也能修飾眼皮暗沉。
- **步驟3**：因為粉紅色眼影會讓眼皮看起來比較浮腫，因此用修容粉中間的顏色，刷在眼窩的地方（眼球上方，用手壓凹下去的地方），畫下來跟眼尾連在一起除了加深眼睛的深邃度，也讓粉紅色的眼窩看起來不會這麼腫脹。
- **步驟8**：眉毛稀梳的人可以先用眉筆描繪出眉型，再用眉粉柔和整個眉型。

→BEVY C.／裸紗親膚淨白粉底液

CHOOSE YOUR SUMMER LOOKS

Lesson 11

適合夏天の輕盈透亮妝

玩水不脫妝
Key Point
防水防曬粉底不脫妝
膏狀腮紅增加好氣色

防水妝要越簡單越好，如果畫太複雜反而更容易脫妝，因此這個妝容我們使用防曬隔離霜、防曬粉底、膏狀腮紅來化妝，最後用防水眉筆畫眉，就能讓你既能防曬又不會因玩水而脫妝！

Make Up Item

❶too cool for school／防曬隔離霜 ❷SHISEIDO／清爽美白防曬隔離粉條 ❸ANESSA／防水、防汗兩用粉餅 ❹LOLA／時尚潮流閃亮眼影筆#棕金 ❺MAKE UP FOR EVER／24HR晶豔防水眼線膠 ❻SANA／Powerstyle魔力超防水睫毛膏 ❼CLIO／眉關係超持久雙頭眉筆#02淺棕 ❽Banila CO／腮紅膏 ❾LIOELE／保濕不脫色口紅筆 ❿CLIO／熱艷沸點釉光染唇蜜#5裸粉

Step by Step

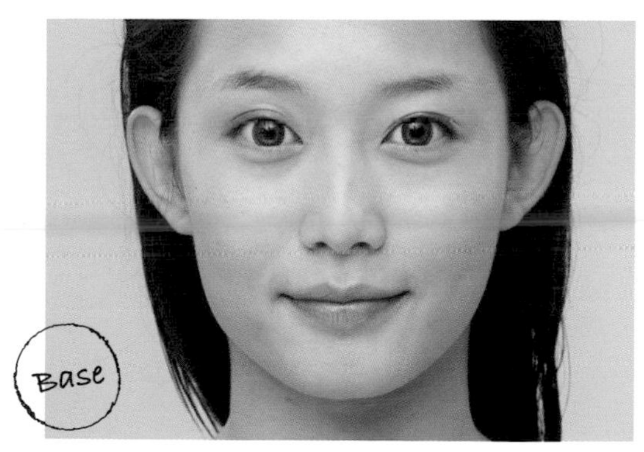

1 整臉先擦上防曬隔離霜❶，然後再擦防曬粉條❷，最後再按壓防曬粉餅❸，即可打造出不脫妝底妝。

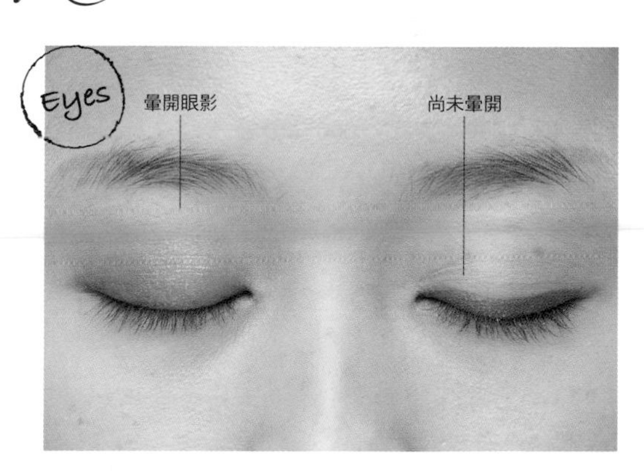

2 使用咖啡色眼影棒❹先塗在雙眼皮位置，像是畫一條粗眼線一樣，接著用手往上暈開至整個眼窩，這樣下水就比較不易暈開，就算暈開也不會太過明顯。如果想要有層次感，可在眼尾重覆疊上，創造深淺色的差距。

3 在睫毛根部畫一條細細的眼線❺。

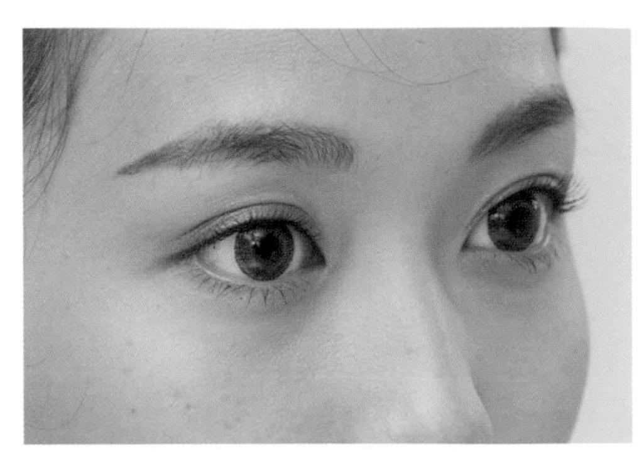

4 夾翹睫毛後，刷上防水睫毛膏❻，根部多刷2～3次，上下睫毛都要刷，這樣有打造隱形眼線的效果。

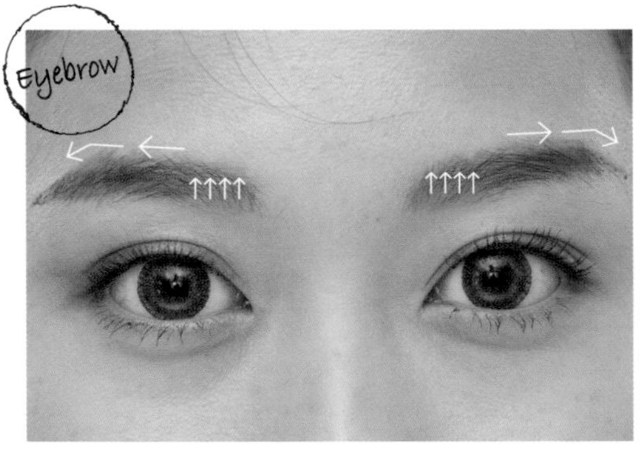

5 順著眉型，畫出自然的一字眉❼，眉頭可以再用染眉膏往上畫，畫出根根分明的感覺。

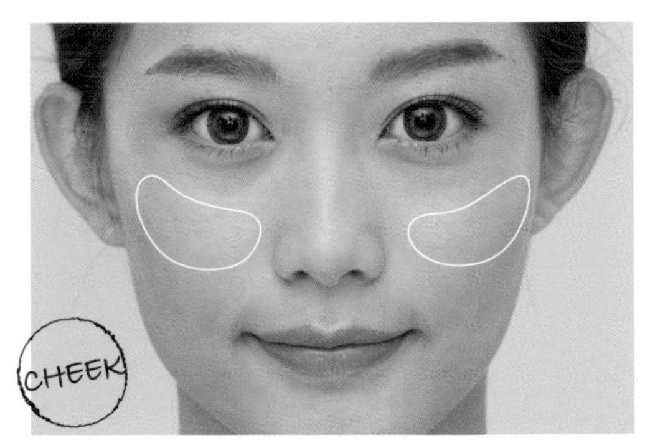

6 使用膏狀腮紅❽，塗在蘋果肌的地方打造出好氣色。

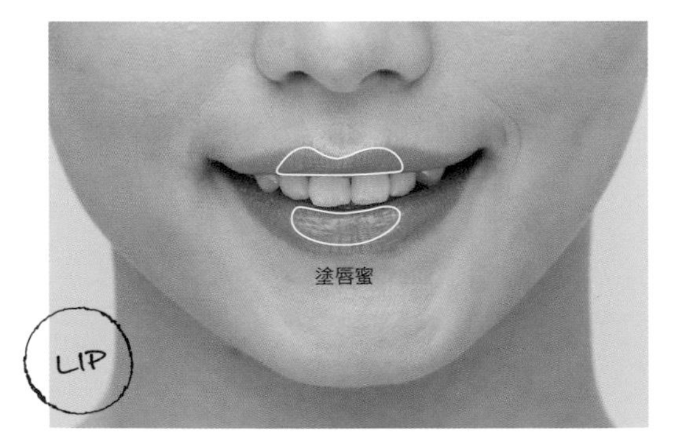

7 使用口紅筆❾，塗滿整個嘴唇。最後在上下唇的唇部中間，塗上唇蜜❿即可。

微甜夏日妝
Key Point
橘色眼影打造活力感
防水粉底讓你不脫妝

活力四射的夏天，臉上畫的妝容要越淡越好，才不會因出油而讓臉部脫妝。刻意選用橘色系、咖啡色系眼影，更能散發出活力感。

Make Up Item

❶too cool for school／雙重遮瑕飾底乳 ❷MAKE UP FOR EVER／雙用水粉霜#20 ❸GIFT／防水蜜粉餅 ❹too cool for school／華麗搖滾眼影#EA001 ❺too cool for school／華麗搖滾眼影#EC001 ❻YADAH自然雅達／愛搶眼旋轉眼膠筆 ❼KISS ME／花漾美姬新翹力纖長防水睫毛膏 ❽CLIO／眉關係超持久雙頭眉筆#02淺棕 ❾too cool for school／迪諾恐龍廣場蜜腮紅#2粉紅色 ❿too cool for school／壞女孩好女孩雙層水嫩唇蜜#02自然橘紅

Step by Step

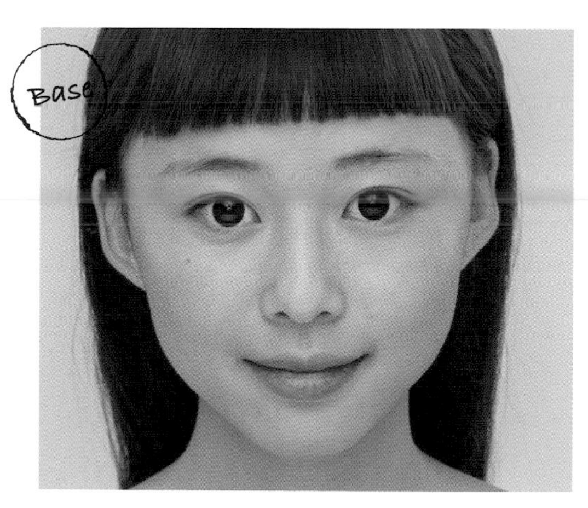

1 整臉先擦上遮瑕飾底乳❶，然後再擦水粉霜❷，接下來針對自己臉部的瑕疵遮瑕，最後再按壓防水蜜粉餅❸即可。

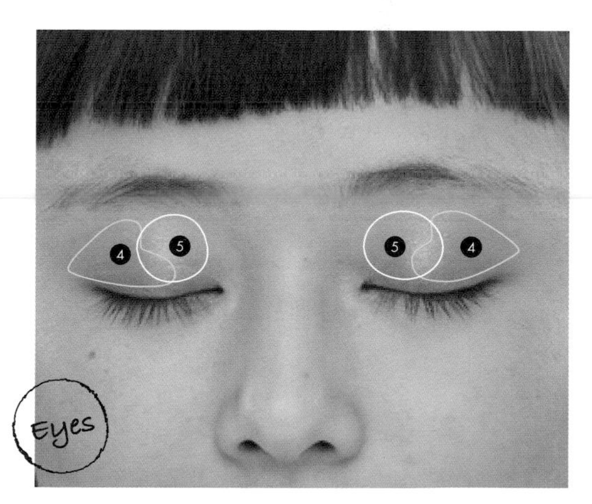

2 橘色眼影❹從眼球中間開始畫，暈染到眼尾及眼窩，眼尾く字也要畫到。眼頭到眼球中間塗上眼影❺，漸漸往上暈染整個眼窩，打造出眼影的漸層感。

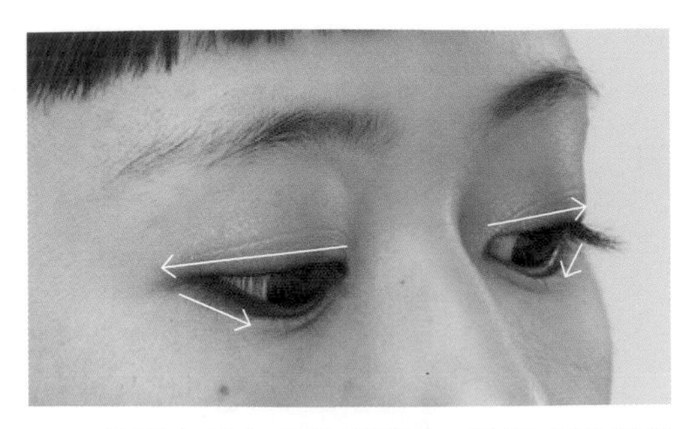

3 使用咖啡色眼線膠筆❻，從睫毛根部畫出淡淡的眼線，畫好後可拿小刷子或細軸棉花棒稍微暈開，眼尾部分可多往上暈染。眼尾く字也要畫到，畫到眼球正下方。接下來再次使用橘色眼影❹畫眼線，疊畫在眼球正上方即可，增加眼睛層次感。

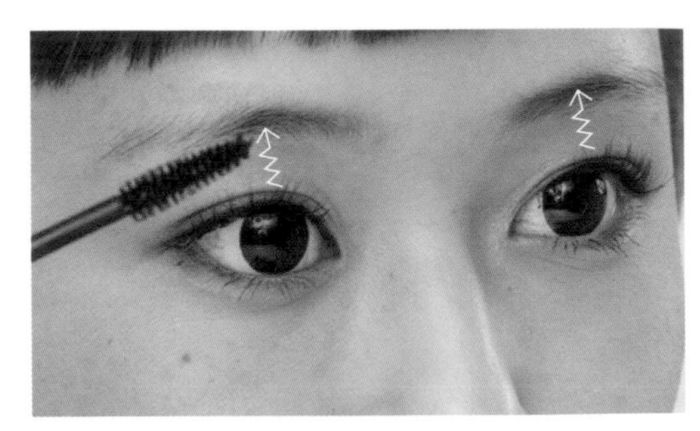

4 夾翹睫毛後，刷上防水型睫毛膏❼，上下睫毛都要刷。

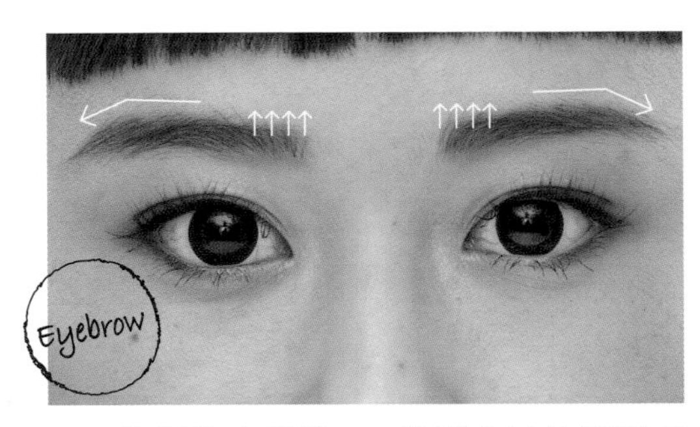

5 使用防水眉筆❽，按照自己的眉型來畫，畫出一個細平眉，眉頭往上、眉尾可稍微往下，打造可愛感。畫完後可以再用小刷子暈開，打造眉毛的柔和感。

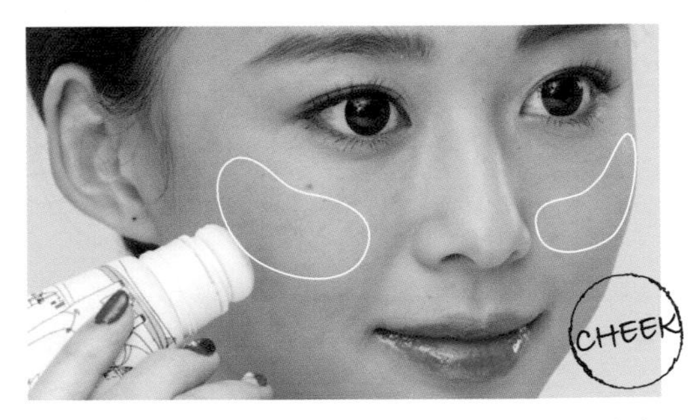

6 在笑肌的位置，用點拍的方式按壓防水腮紅❾。

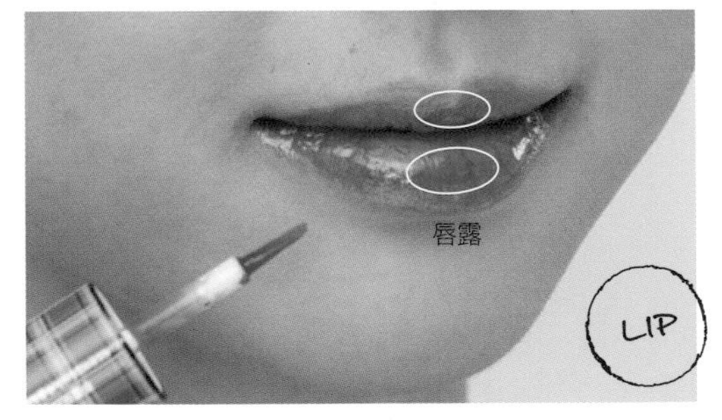

7 塗上護唇膏後，上下嘴唇的中間點上唇露❿，再往兩側暈染開來。整個嘴唇再塗上透明唇蜜，打造唇部光澤感。

靚眼
女孩妝
Key Point
眼線與眼影疊出深邃感
眼球下方畫出深邃眼影

想要讓眼神看起來更深邃迷人，眼妝就要多花點心思，畫好眼線後再疊上深色眼影暈染，最後再畫上眼線，這樣重覆的疊加動作就能增加眼神的深邃感。

Make Up Item

❶too cool for school／美術課煙燻隨身盤#3粉橘&金棕 ❷KISS ME／花漾美姬零阻力絲滑濃黑眼線液筆 ❸INTEGRATE／絕色魅癮天使晶瞳眼影盒#BR778 ❹YADAH自然雅達／愛搶眼旋轉眼膠筆#甜心粉 ❺KISS ME／花漾美姬新翹力纖長防水睫毛膏 ❻Impro／艾蒲蘿公主頂級假睫毛 ❼CLIO／不斷電持色眉膠筆#01深棕 ❽SOFINA／星鑽美形花漾蜜糖頰彩粉#424ROSE ❾YADAH自然雅達／愛搶眼旋轉蜜唇筆#07微粉玫瑰

Step by Step

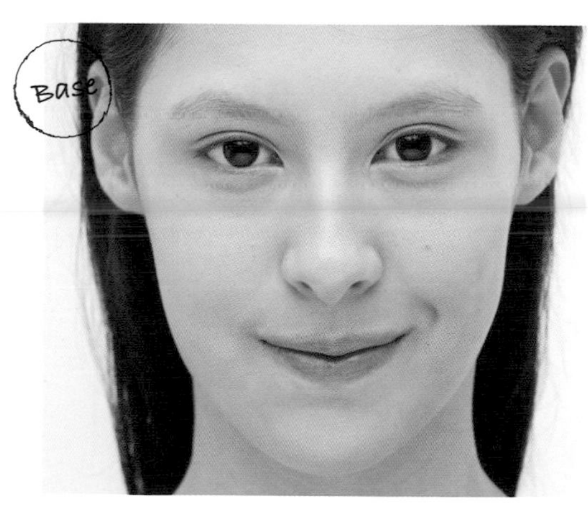

1 底妝用P.40的畫法，畫出陶瓷霧面底妝，讓肌膚看起來完美無瑕疵。

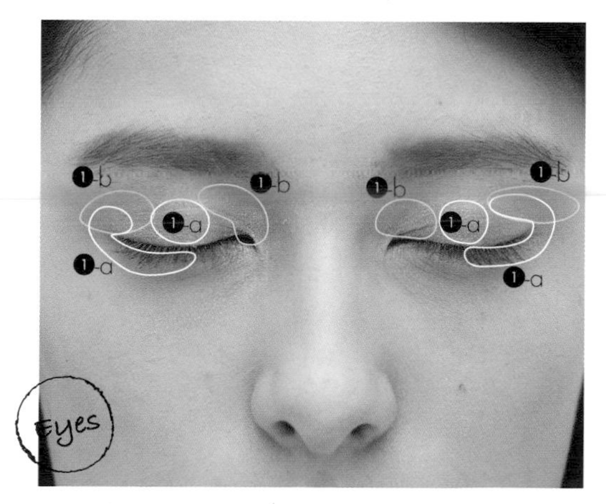

2 使用橘色眼影❶-a塗在眼球正上方、眼尾く字部位，要延伸到下眼球中央。眼頭、眼尾則畫上淡棕色❶-b，畫好後再將界線暈開，往上暈染整個眼窩。

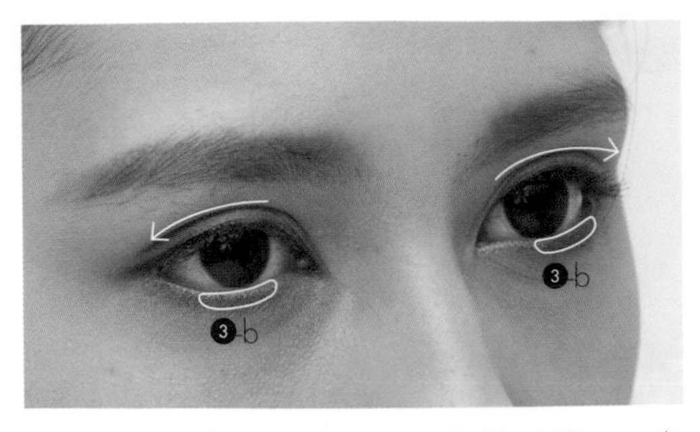

3 從睫毛根部畫出一條細細的眼線❷，畫好後在眼線的位置疊上眼影❸-a，可以刻意畫圓一點，接著再次畫上眼線❷。接下來將眼影❸-b畫在眼球的正下方，這樣能增加眼睛的深邃度。

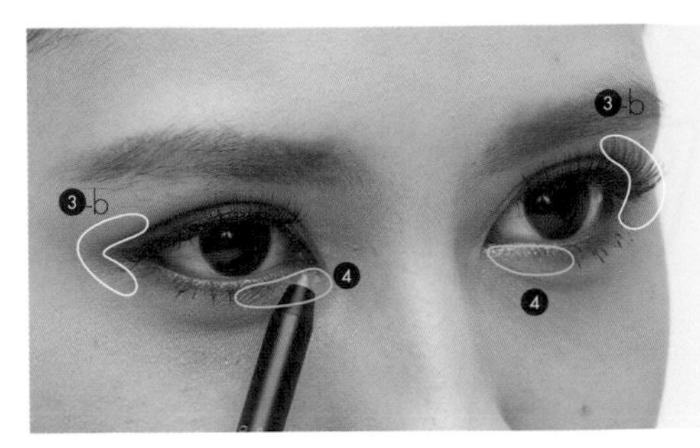

4 眼尾的く字部位，用深咖啡色❸-b再畫一次，並往上暈染開來，然後在下眼頭的部位畫上粉色眼線❹，打造出柔和感。夾翹睫毛後，上下睫毛都刷上睫毛膏❺，再戴上假睫毛❻，戴上後在假睫毛黏貼處再次畫上眼線❷。

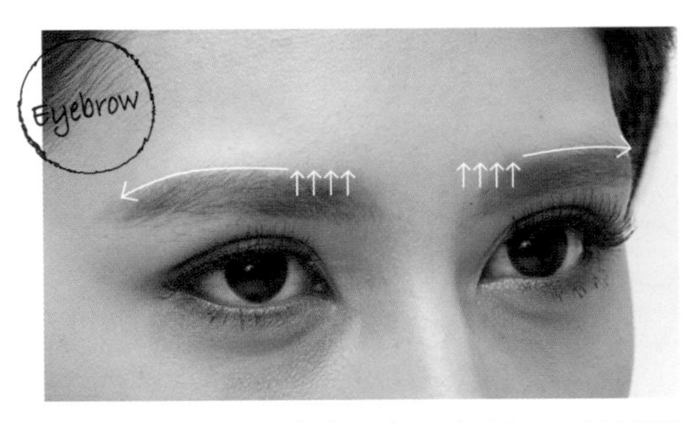

5 順著眉型，畫出一個平粗眉❼，眉尾可微微往下畫。

6 珠光色腮紅❽，按壓在蘋果肌的地方，畫好後再用刷子刷勻一下，就能打造出好氣色。

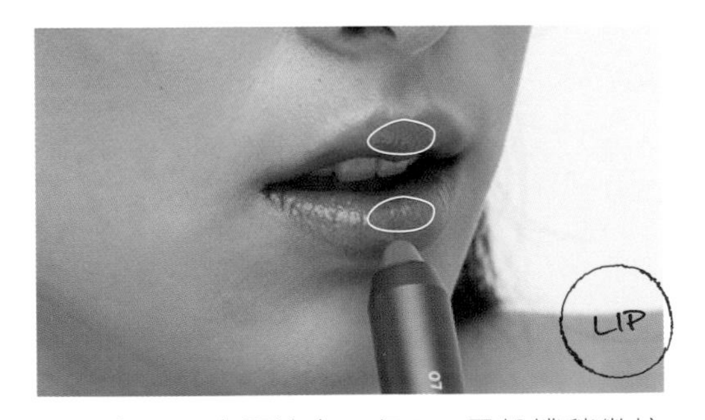

7 上下唇中間塗上口紅❾，用粉撲稍微按壓一下，繼續從唇部內側往外塗上口紅筆，再用粉撲稍微按壓，重覆這樣的動作就能打造出迷人的粉霧唇。

梵緯老師小叮嚀

橘色眼影可用來修飾黑眼圈

下眼尾塗上橘色眼影，在視覺上也有修飾黑眼圈的效果，讓你的黑眼圈看起來沒這麼明顯喔！

大眼
娃娃妝
Key Point
暈染眼窩く字範圍讓眼睛變大
戴上下假睫毛打造有神大眼

想要讓眼睛看起來更大、更放電，在畫眼影的時候就要在眼窩く字範圍做暈染漸層，整個眼窩都要有漸層感，掌握的重點就是眼尾加粗、戴上下假睫毛，就能畫出日系洋娃娃感的甜美大眼妝。

Make Up Item

❶BOBBIBROWN／眼影# Sandy Nude Eye Palette ❷too cool for school／恐龍眼線膠筆 ❸EYEMAZING AMOYAMO／時尚假睫毛#No.814吉拿巧酥 ❹ KOJI／Maggie May下假睫毛 ❺Self-Tanning eyebrow#棕 ❻Benefit／粉天使肌蜜粉盒 ❼Miki Queen／啾咪超顯色護唇彩#愛戀粉 ❽MAKE UP FOR EVER／吻色光試管唇蜜

Step by Step

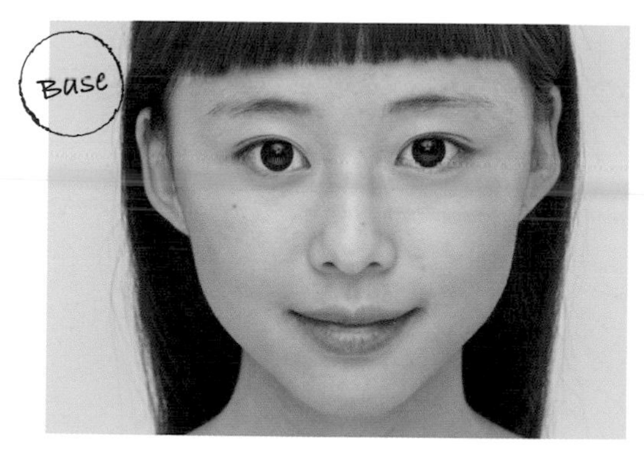

1 畫上P.93的底妝，並將臉上瑕疵遮蓋好，就能打造完美底妝。

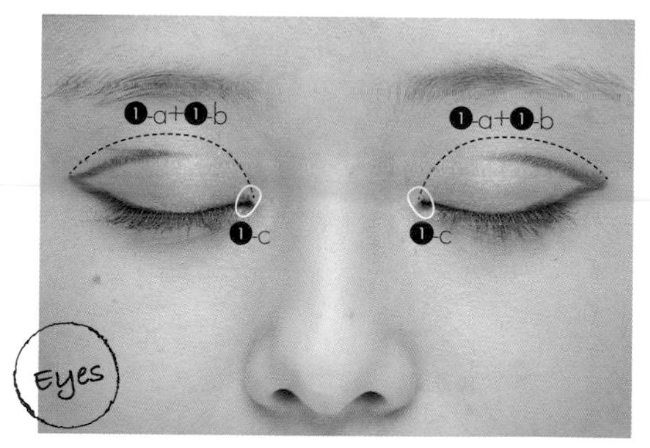

2 整個眼窩畫粉膚色眼影❶-a，這樣能讓後續的眼影更顯色。眼窩再疊上杏色❶-b，然後用❶-c畫在眼頭，用手指暈染到眼球位置來提亮。接下來用金咖啡色眼線筆❷畫眼尾眼線，要拉長並往上勾勒出く字範圍，如圖中所示。

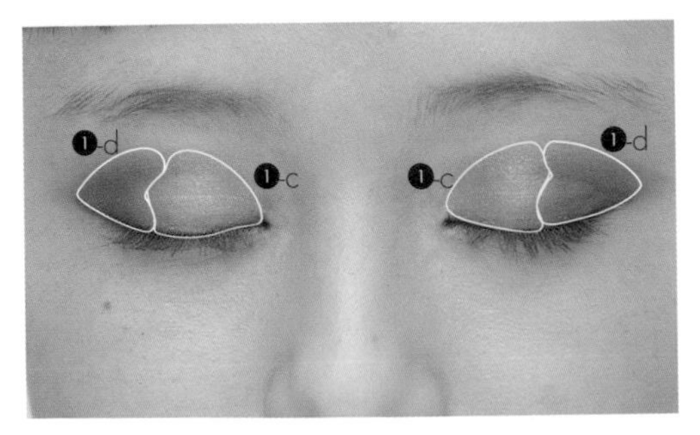

3 用深色眼影❶-d畫在剛才勾勒出的く字範圍上，並將線條暈染開來。重點就是：眼尾畫❶-d暈染開來、眼頭畫❶-c往整個眼窩暈染，重覆深淺眼影的交疊畫法，打造出深邃大眼。

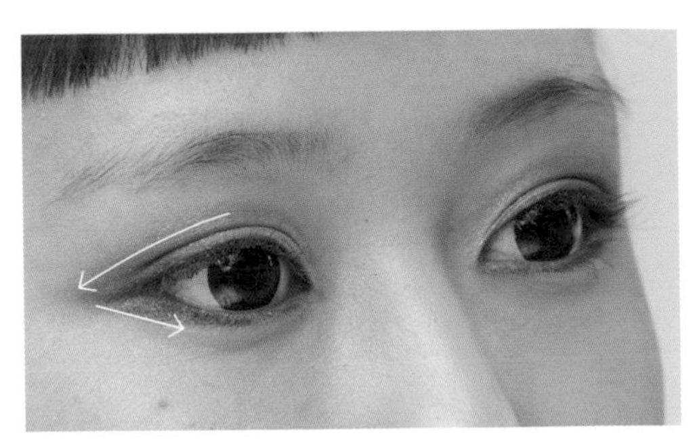

4 睫毛根部畫出一條細細的眼線❷，要往下畫到眼尾く字位置。

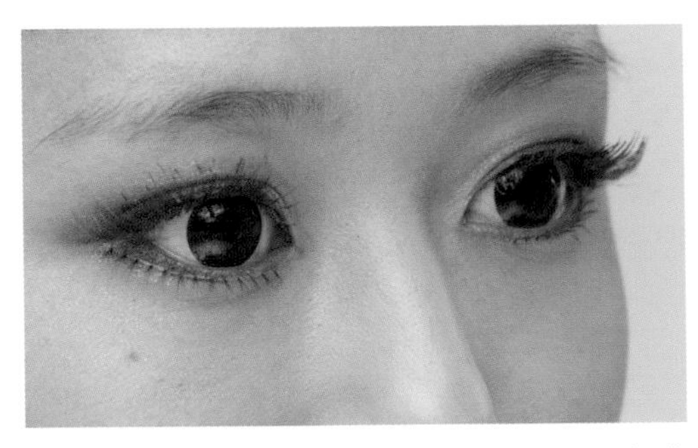

5 上下睫毛刷上睫毛膏打底，再戴上咖啡色自然感的假睫毛❸，長度對準眼尾部位，讓眼睛有拉長效果又能打造出柔和魅力大眼。下睫毛戴上根根分明的❹，最後再刷上睫毛膏，讓真假睫毛密合。

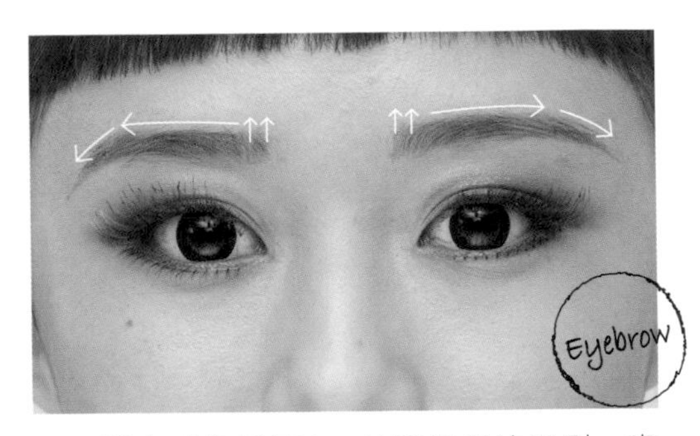

6 淺咖啡色眉筆❺，按照眉毛的眉型，畫出一字的平眉，畫到眉尾時要稍微往下打造出無辜感，不要畫出眉峰。

7 用刷子以畫圓的方式，將腮紅❻畫在蘋果肌下方的位置，就能打造出甜美感的好氣色。

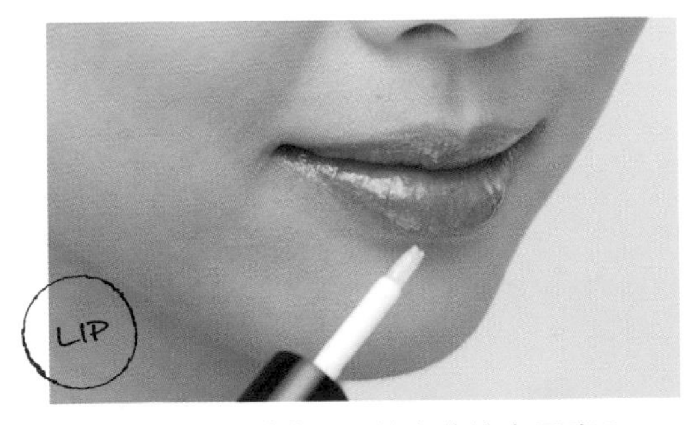

8 整個嘴唇塗上❼，塗完後塗上唇蜜❽。

CHOOSE YOUR AUTUMN LOOKS

Lesson 12

適合秋天の都會時尚妝

魅力
明星妝
Key Point
大地色眼妝打
造巨星魅力
漸層眼影畫出
有神雙眼

明星彩妝說穿了就是要畫出「濃的淡妝」，大濃妝看起來會有高傲的距離感，因此怎麼樣看起來妝感不這麼濃烈卻又能畫出有神大眼，就是明星妝的關鍵技巧。雖然很像淡妝的妝感，但其實在眼妝部分疊加了很多層次，運用這個手法畫出又圓又大的雙眼，就能打造巨星般的魅力風采。

Make Up Item

❶嬌蘭Guerlain／金璨四色限量版眼影 ❷too cool for school／華麗搖滾眼影#15棕金 ❸too cool for school／恐龍眼線膠筆 ❹Sisley／再生精華絨密眼線液 ❺HR赫蓮娜／獵豹捲翹防水睫毛膏 ❻RIPI／假睫毛 ❼CLIO／不斷電持色眉膠筆#02淺棕 ❽CLIO／不斷電持色眉彩膏#02淺棕 ❾MAC／柔礦迷光腮紅#HAND-FINISH ❿DIOR／癮誘超模唇膏#561

Step by Step

1 上好底妝、遮蓋臉部瑕疵之後，就可以開始畫眼妝了。

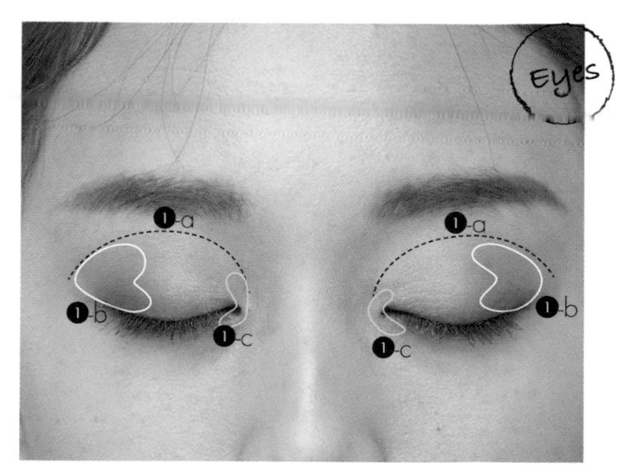

2 用裸粉色❶-a塗在整個眼窩，這樣可以增加眼神的氣色。巧克力色❶-b疊在眼尾的後三角區，再往前暈染，然後用亮色❶-c塗在眼頭。

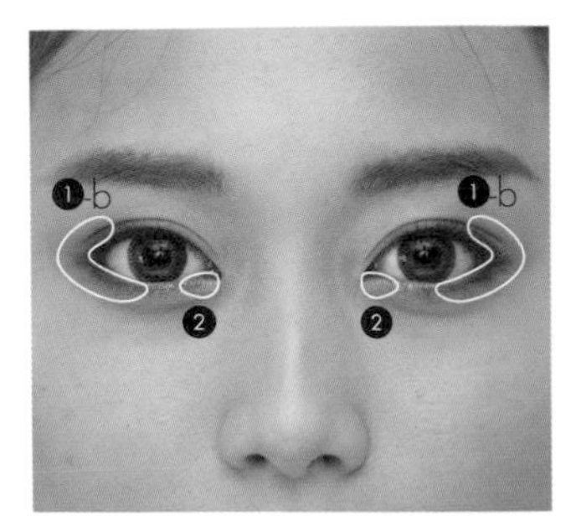

3 下眼尾到眼球下方，塗上巧克力色❶-b。❶-d畫在睫毛根部上面，像畫眼線一樣，重覆上面的步驟，最後用少許金色❷疊在眼頭。

4 用金咖啡色❸畫在睫毛根部，可以稍微畫粗一點，畫好後用細棉花棒稍微暈開。下眼線的位置也要畫，盡量畫靠近眼瞼的地方。用深咖啡色❶-d，在上眼線的位置疊畫，再用眼線液畫上一條細細的眼線。

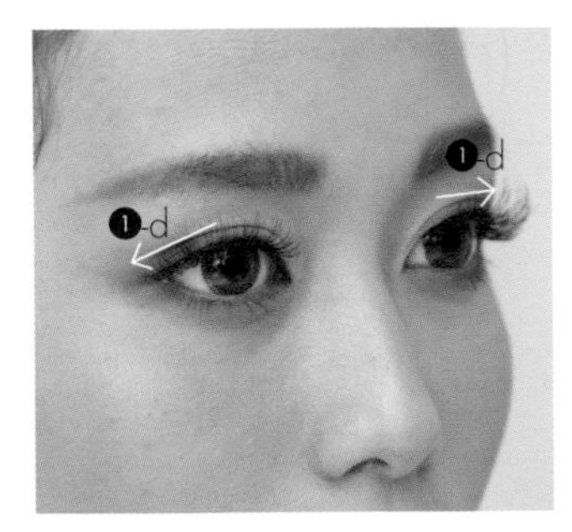

5 夾翹睫毛後，刷上睫毛膏❺，並戴上透明梗假睫毛❻。畫好後再用深咖啡色❶-d，於上眼線的位置疊畫，並用眼線液❹再畫上一條細細的眼線，遮蓋住假睫毛膠。

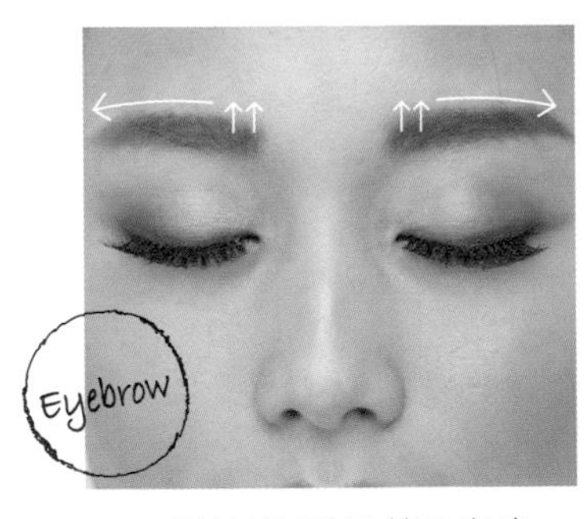

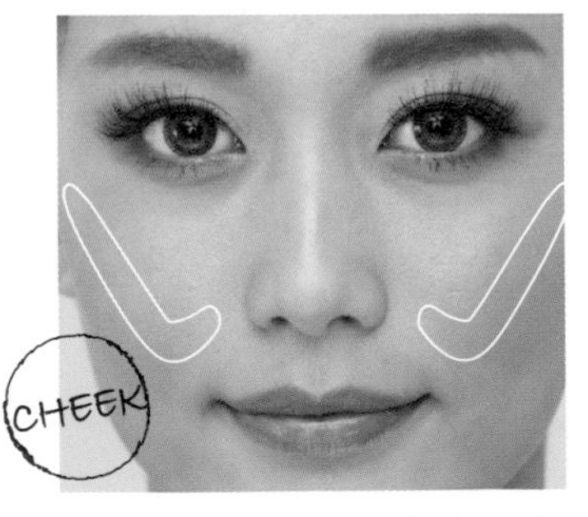

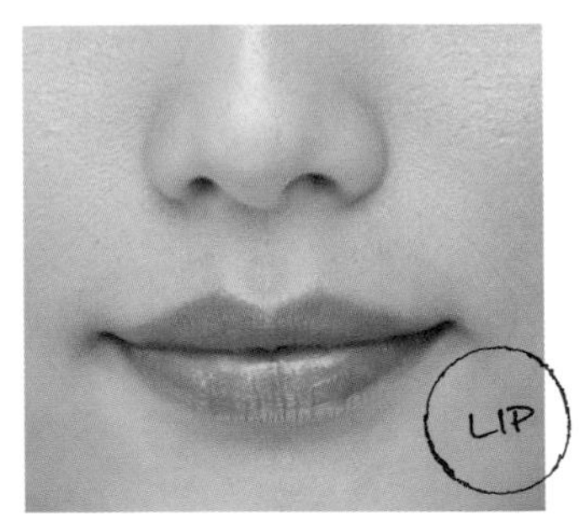

6 用淡色系眉筆❼畫出一字平眉，畫好後可用螺旋刷再稍微暈開。接下來刷上染眉膏❽，眉頭部位要往上，畫出根根分明的眉束感。

7 顴骨的位置用打勾的方式畫上腮紅❾，如圖中的範圍，這樣可以更有成熟魅力。

8 整個嘴唇塗上粉色唇彩❿來提亮就完成了。

約會不敗妝
Key Point
淺色眉毛增添可愛感
奶油色唇膏畫出嘟嘟豐唇

約會的妝容要有可愛婉約的氣息，但又不能過度可愛，反而要帶點小性感的魅力，因此這個妝的重點就是畫出柔和感的眉毛、奶油色的嘟嘟豐唇，搭配著眼尾拉長眼線，可愛又散發微微的性感，大幅提升你的魅力度！

Make Up Item

❶MAYBELLINE／時尚伸展台訂製12色眼彩盤#Nude 1 ❷植村秀Shu uemura／絲滑持久眼線膠 ❸KISS ME／花漾美姬新翹力纖長防水睫毛膏 ❹亞芸企業社假睫毛 ❺KISS ME／花漾美姬零阻力絲滑濃黑眼線液筆 ❻KATE／造型眉彩餅 ❼CoverGirl／腮紅#classic color ❽Banila Co／口紅#BE111 ❾Banila Co／Kiss Collector Lip Color Gloss ❿THE BODY SHOP／Lip Liner

Step by Step

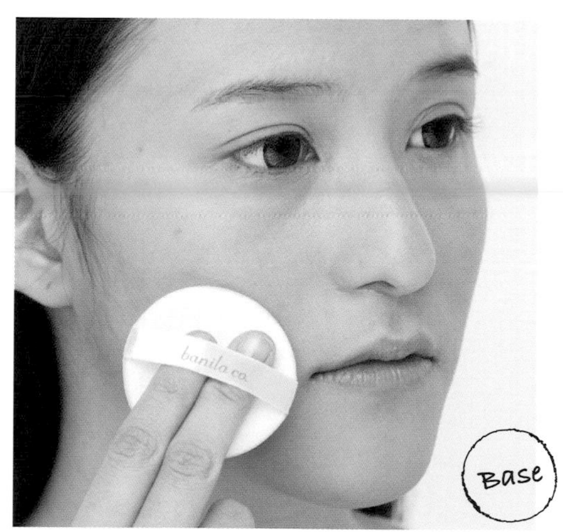

1 底妝用P.38的畫法，畫出5D光澤底妝，讓肌膚呈現光澤的好感肌。

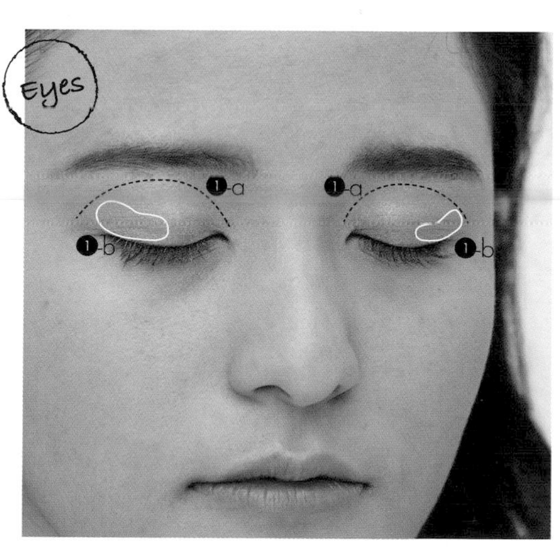

2 淺色眼影❶-a塗滿整個眼窩，眼尾後1/3則塗上金色❶-b，再稍微往前暈染開來，打造出漸層感。

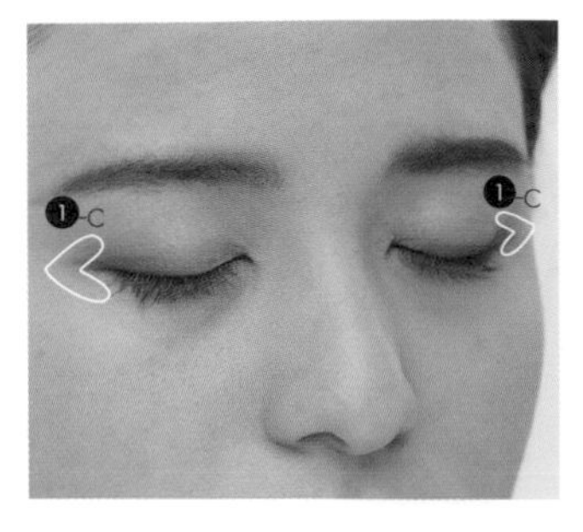

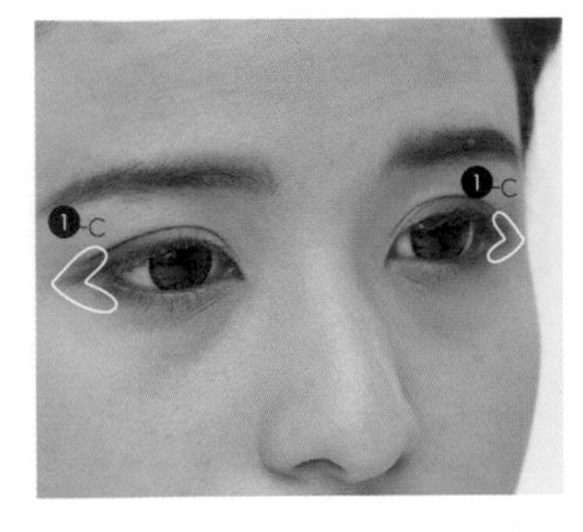

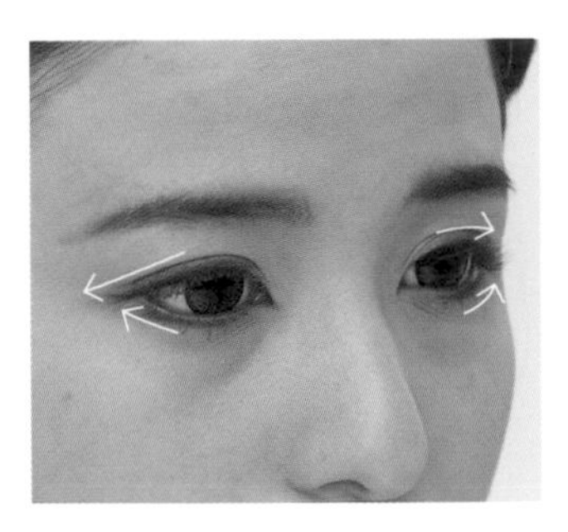

3 將深咖啡色❶-c塗在眼尾後1/3處，並刻意拉長延伸到下眼尾，創造出眼神的嫵魅感。

4 用眼線膠❷，靠近睫毛根部畫出拉長的上眼線。下眼線則從眼球下方開始畫，往後平拉，不需和上眼線連接。

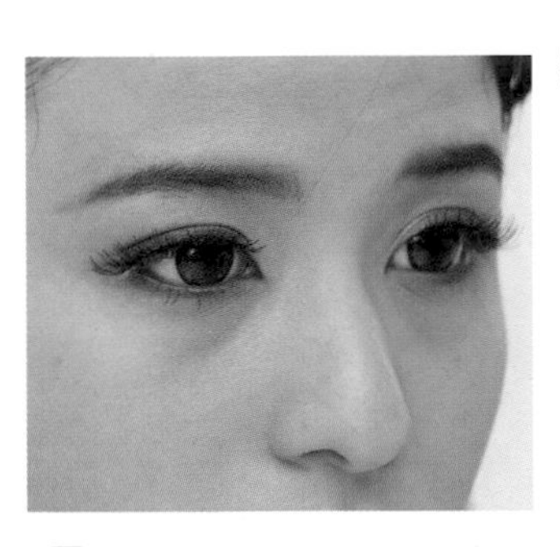

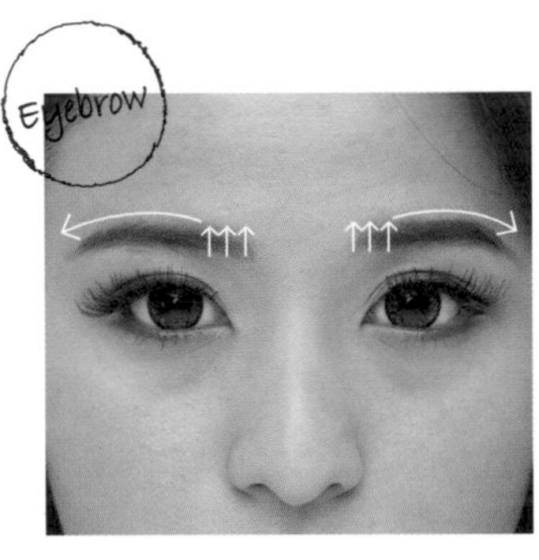

5 夾翹睫毛後，上下睫毛都刷睫毛膏❸，然後戴上假睫毛❹，建議選擇前短後長、交叉款式的假睫毛，能增添迷人魅力。戴上後再用睫毛膏刷一下，讓真假睫毛密合，並用眼線液❺描繪一下假睫毛黏貼處。

6 用淺色眉粉❻畫在眉頭做出柔和感，再用深色畫整個眉毛輪廓，顏色可依自己的眉色來調配。畫到眉尾可稍微圓弧往下，打造可愛令人憐愛的感覺。眉毛比較稀疏的人，可以先用眉筆描繪眉型後，再用眉粉暈出柔和感。

7 使用接近膚色的腮紅❼，在笑肌的位置斜刷下來，增加好氣色。

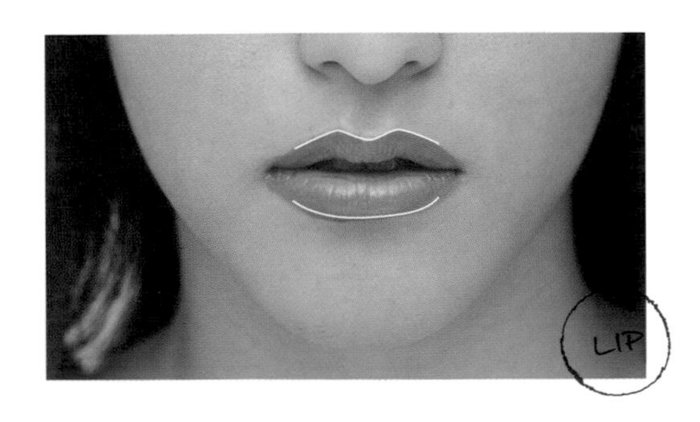

8 奶油色唇膏❽塗滿整個嘴唇，可以刻意塗滿一點、稍微塗超出唇部範圍，畫好後用唇線筆❿描繪唇型，打造豐唇的感覺。最後在上下嘴唇中間塗上唇蜜❾，往兩旁暈開，打造出水潤嘟嘟豐唇。

氣質
千金妝
Key Point
漸層眼影打造深邃感
無辜感的迷人臥蠶

氣質千金妝最主要的重點，就是要讓整個妝容散發出名媛的氣質感，關鍵就是畫出楚楚可憐的臥蠶，搭配漸層眼影來打造出眼睛深邃感，能讓你眼睛放大而且更迷人喔！

Make Up Item

❶ZA／眼影#EYES GROOVY#05 ❷KISS ME／花漾美姬璀璨淚眼防水眼線液EX ❸KOSE／FASIO超新星美型睫毛膏（放肆纖長） ❹HBC／EYELASH假睫毛 ❺Holika Holika／妝無辜明眸電眼臥蠶筆 ❻KATE／雙用眉彩筆 ❼植村秀shu uemura／創藝眼彩霜 ❽3CE／雙色粉嫩立體腮紅#MAKE ME BLUSH ❾CLIO／魔幻吻痕光感持色唇膏#11粉色

Step by Step

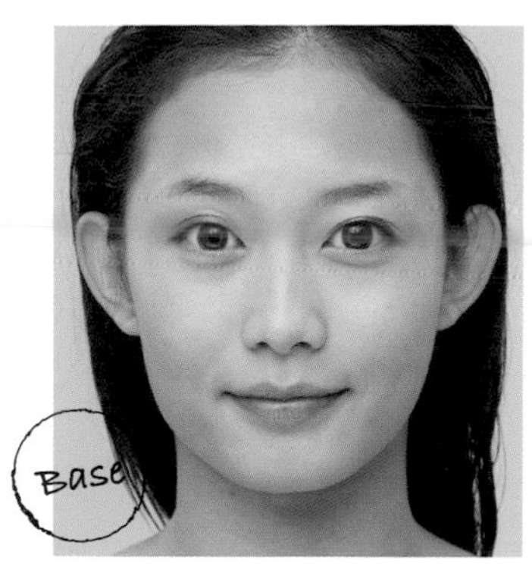

1 上好底妝、遮蓋臉部瑕疵之後，就可以開始畫眼妝了。

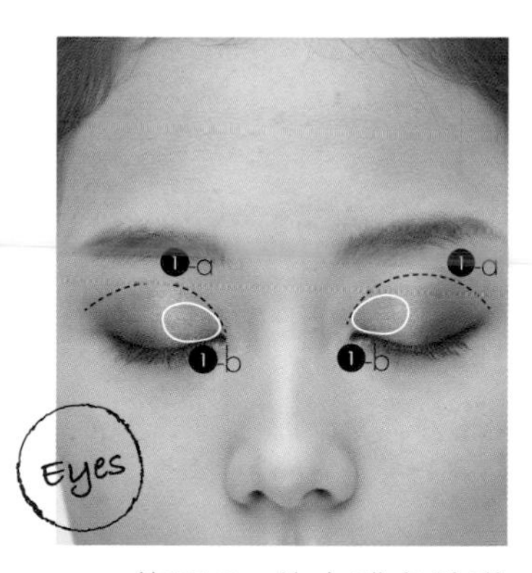

2 使用❶-a的咖啡色塗滿雙眼折痕，再往上暈染整個眼窩，畫好後可在眼尾處加強。眼頭1/3處畫上❶-b，並往上暈染，要保留咖啡色的邊界線。

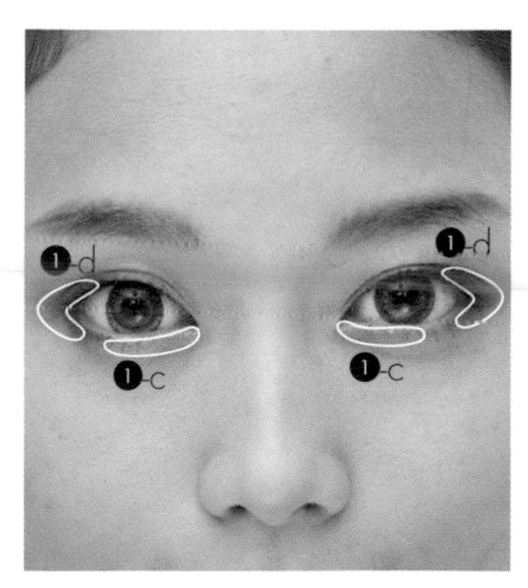

3 金色眼影❶-c畫在下眼線位置，畫到眼頭時要稍微畫出去一點。眼尾的く字位置用黑色畫❶-d，畫在睫毛根部。

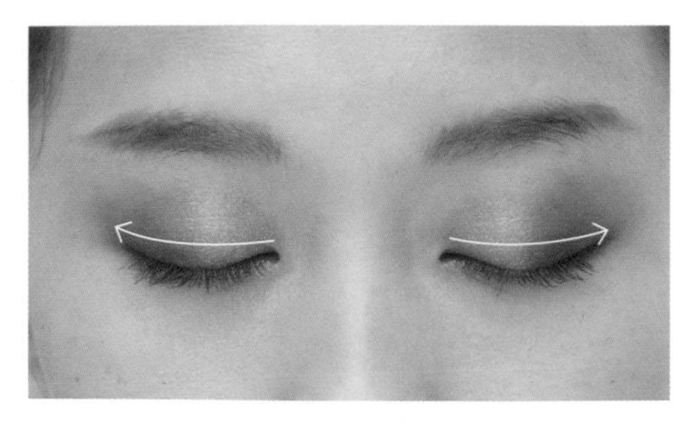

4 畫一條靠近睫毛根部、細細的眼線❷，畫好後再用深色眼影❶-a疊上。

5 夾翹睫毛後，上下睫毛都刷睫毛膏❸，然後戴上假睫毛❹，挑選交叉型的款式，看起來就有名媛千金的氣質感。接下來用睫毛膏刷一下，讓真假睫毛密合，並用眼線液❷描繪假睫毛黏貼處。

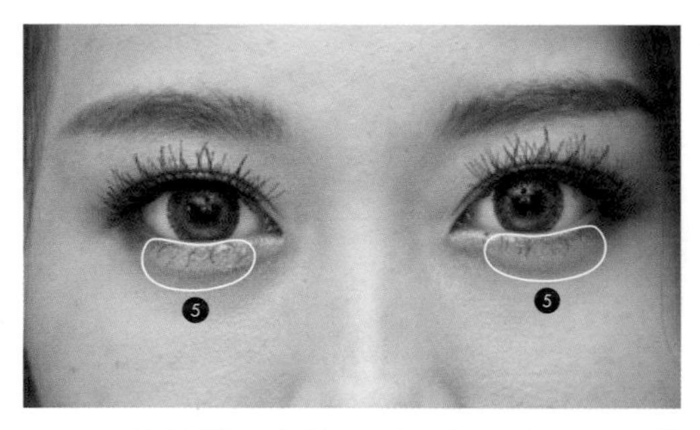

6 用臥蠶筆❺亮的那頭，在眼球正下方前後塗抹，製造出臥蠶，然後用棉花棒暈染開。畫好後再用臥蠶筆暗的那頭，畫在臥蠶下方，再稍微暈出界線。

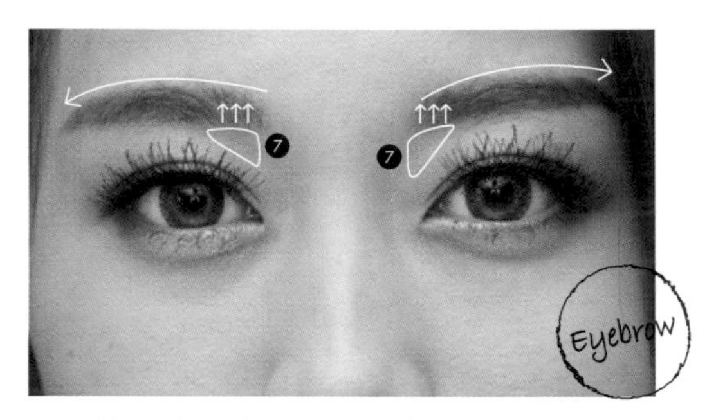

7 按照自己的眉型，畫出一字型平眉❻，不用刻意加粗，畫到眉尾時稍微往下，而眉頭可稍微暈開製造柔和感。用眼影膏❼稍微打亮眉頭，打造神采奕奕的感覺。

8 在笑肌的位置畫上腮紅❽，先畫深色腮紅打底再疊上淺色腮紅，這樣能打造出好氣色妝感。

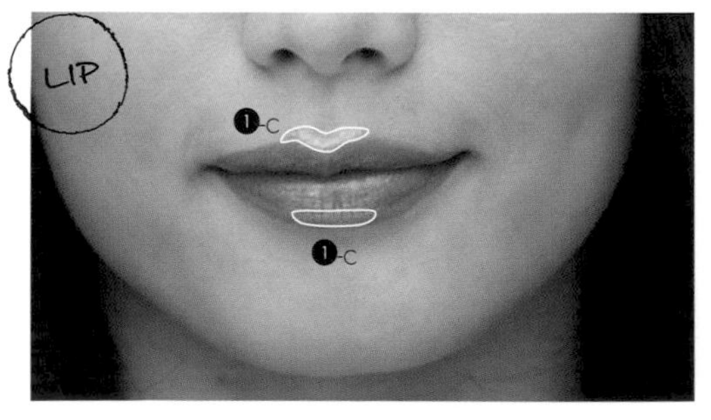

9 先用金色眼影❶-c在唇峰、嘴唇下方稍微塗上，打造唇部立體感。接著整個嘴唇塗上❾，然後再用金色眼影再疊一次唇峰、嘴唇下方。

小惡魔

Key Point

- ☑ 眼尾拉長增添性感
- ☑ 眉尾往下製造可愛感

當膩了乖女孩，是否偶爾也想使點壞，讓形象不一樣呢？這個妝容帶點可愛又有點性感，甜美中夾雜著淘氣，擺脫了清純鄰家女孩的風格，絕對可以讓人眼睛一亮喔！

Make Up Item

❶Visee／眼影 ❷YADAH自然雅達／愛搶眼旋轉眼膠筆 ❸KISS ME／花漾美姬新翹力纖長防水睫毛膏 ❹BROWLASH EX／眉筆 ❺3CE／好氣色粉嫩腮紅#NO07 ❻ANI PLACE／口紅 ❼CLIO／熱艷沸點釉光染唇蜜#5裸粉

Step by Step

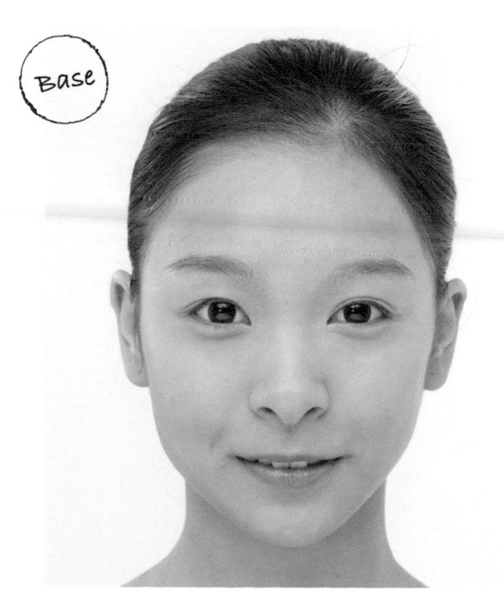

1 畫好P.36的3D清透底妝後，接下來就可以開始畫眼妝了。

2 將粉橘色❶-a塗在整個眼窩，打造眼神的明亮感。

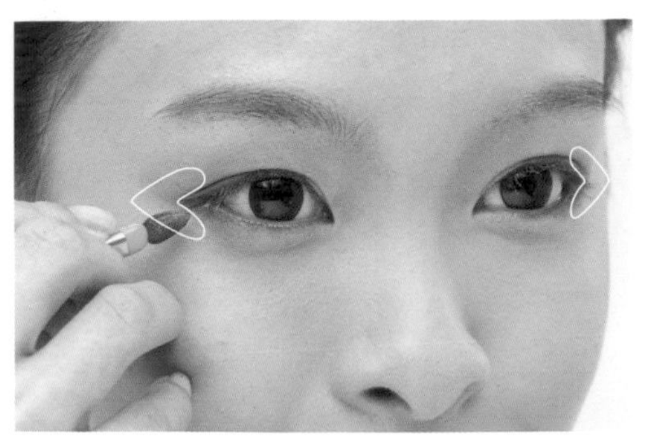

3 深咖啡色眼影❶-b疊在眼尾，再暈染到前面，眼尾的く字部位也要畫。

4 在睫毛根部畫一條細細的眼線❷，畫到眼尾可稍微拉長。下眼線畫到眼球下的位置，上下眼線不用連接起來。

5 夾翹睫毛後，刷上下睫毛膏❸，眼尾的部位可重覆多刷幾次。

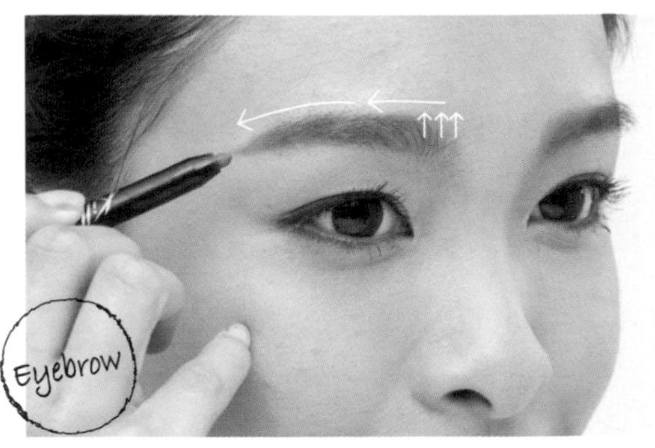

6 畫一個粗平眉❶，先從眉毛中間開始畫，畫到眉尾時稍微往下，製造出可愛感。接下來從眉頭畫到眉中間，眉頭要淡一點，畫好後可用眉刷把眉頭稍微暈開，打造出可愛年輕的感覺。

7 將腮紅❺位置畫上面一點，畫在眼睛下方，會看起來更可愛。

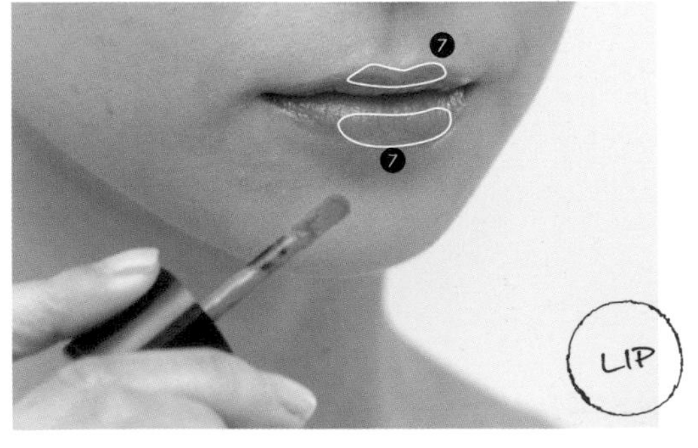

8 整個嘴唇塗上口紅❻後，在上下唇的中間塗上唇蜜❼，再往旁邊刷開。

華麗女神妝

Key Point

- ☑ 畫出讓眼睛放大的假雙
- ☑ 三段式眼影畫出華麗感

華麗女神最重要的就是氣勢感，這個妝容會畫上具有金蔥感的眼影，再運用讓眼睛放大的眼窩假雙技巧，就能讓你充滿華麗與氣勢，打造出更迷人的魅力。

Make Up Item

❶BOBBIBROWN／眼影#Sparkle Glamour Quad ❷too cool for school／華麗搖滾眼影#15棕金 ❸Sisley／漾澤精華眼彩筆#黑 ❹KISS ME／花漾美姬零阻力絲滑濃黑眼線液筆 ❺KISS ME／花漾美姬新翹力纖長防水睫毛膏 ❻Perfect Value／假睫毛#3CL-4 ❼植村秀Shu uemura／眉筆 ❽VIVOKE／雙彩腮紅 ❾NARS／時尚經典唇膏#Barbarella

Step by Step

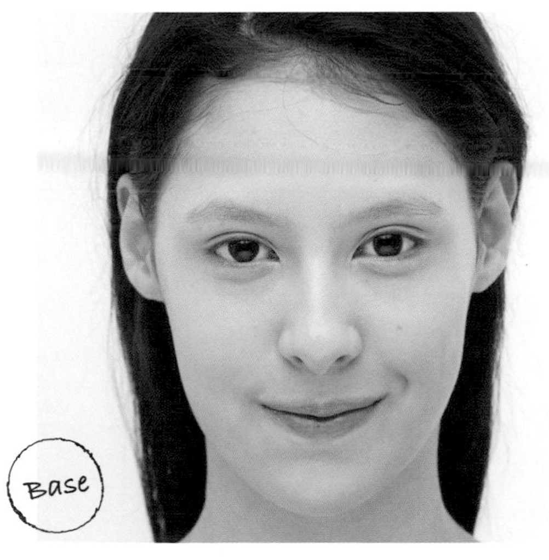

1 畫好P.40的底妝後，接下來就可以開始畫眼妝了。

2 淺色眼影❶-a打滿整個眼窩，這樣能增加光澤感。

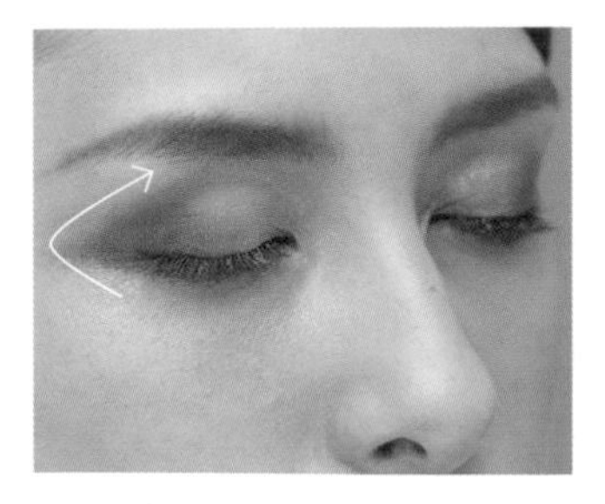

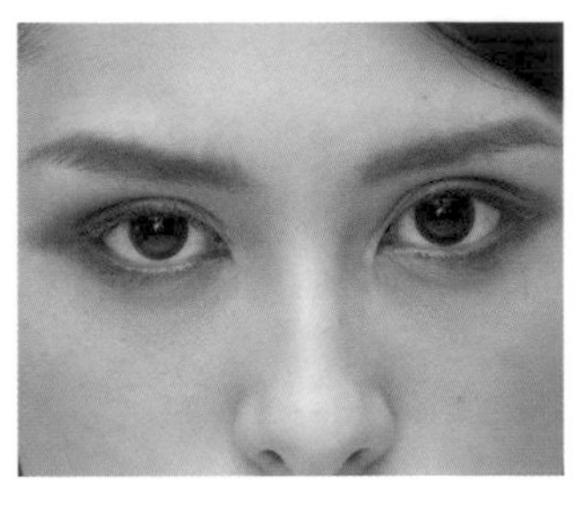

3 咖啡色眼影❶-b畫在眼尾く字，刻意畫拉長，並往上暈染眼窩範圍，畫出一個假雙（參考P.157）。

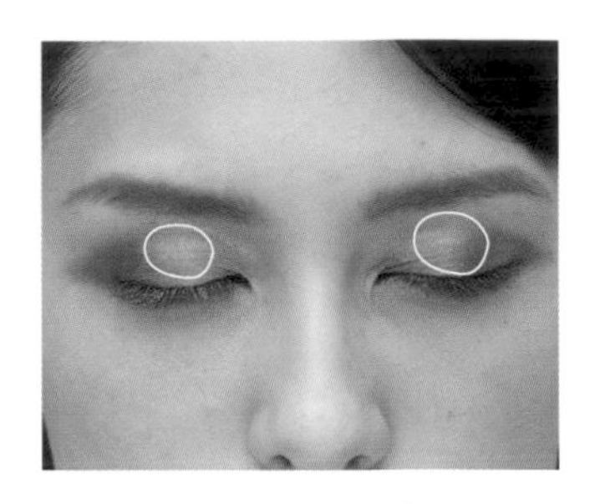

4 眼影❷用來提亮，疊在圖中的位置，製造出華麗感。

5 用粗的眼線筆❸畫眼線，畫到眼尾時可稍微拉長，跟剛才畫眼影的範圍一樣。畫好後用棉花棒稍微暈開，再用眼線液❹描繪，加強眼神的魅力度。

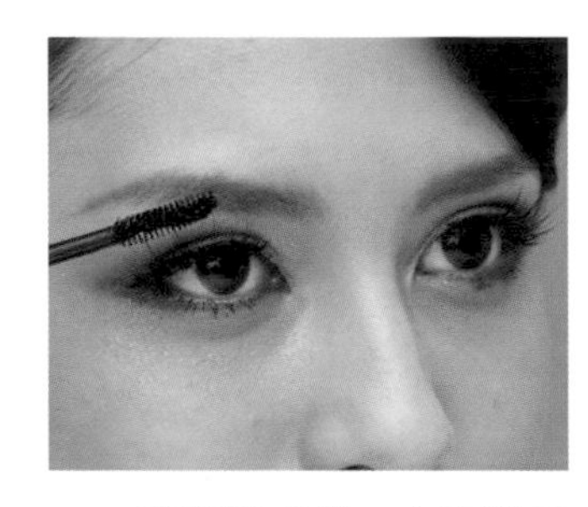

6 夾翹睫毛後，上下假毛都刷睫毛膏❺，再戴上假睫毛❻。可挑選透明梗、纖長且根根分明的，具有毛束感的假睫毛，更能放大雙眼。接著用眼線液❹再描繪一次假睫毛黏貼處，並用睫毛膏❺再刷一次，讓真假睫毛更密合。

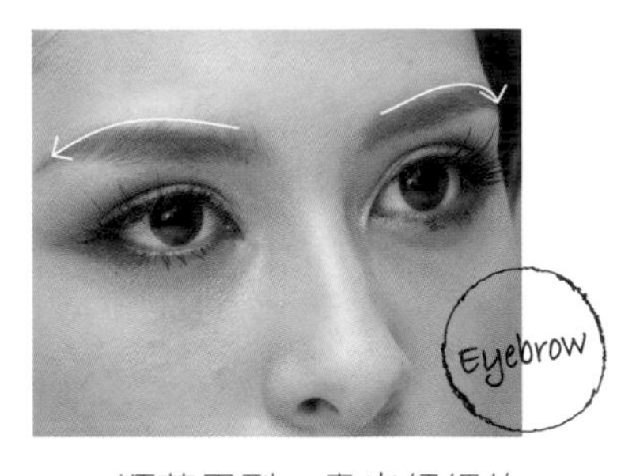

7 順著眉型，畫出細細的眉毛❼，眉尾可稍微畫出角度，能散發出成熟銳利的感覺。

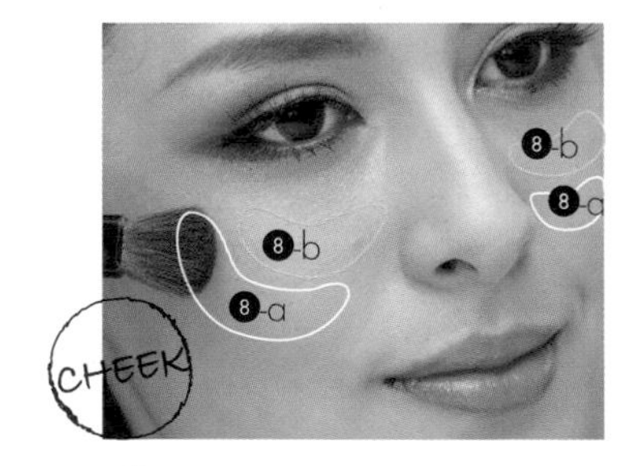

8 深色腮紅❽-a畫在圖中打勾處，上面再畫淺色腮紅❽-b，這樣能打造出更華麗的魅力感。

9 因為眼妝的顏色已經很重了，所以口紅不要太搶眼，將唇膏❾塗滿整個唇部即可。

CHOOSE YOUR WINTER LOOKS

Lesson 13

適合冬天の癮誘心機妝

韓系
貓眼妝
Key Point
拉長的性感貓眼眼線
前短後長假睫毛拉長雙眼

因為要打造出韓系貓眼的感覺，所以這個妝的重點就是把雙眼拉長，散發像貓眼般的魅惑感。畫好後眼睛會看起來有點單眼皮、韓式的感覺。除此之外，因為口紅我們選擇桃紅色系了，所以腮紅就不需特別畫上，整個重點放在眼睛、嘴唇上。

Make Up Item

❶Sisley／再生精華絨密眼線液#黑 ❷PAUL & JOE／EYE COLOR TRIO#01 ❸HR赫蓮娜／獵豹捲翹防水睫毛膏 ❹亞芸企業社假睫毛#交叉8黑 ❺嬌蘭Guerlain／Ecrin1 Couleur Long Lasting Eyeshadow#02 ❻SANA／New Born柔和三用眉彩筆#亞麻棕 ❼YADAH自然雅達／愛搶眼旋轉蜜唇筆#03粉紅狂熱 ❽CLIO／熱艷沸點釉光染唇蜜#7淺桃紅

Step by Step

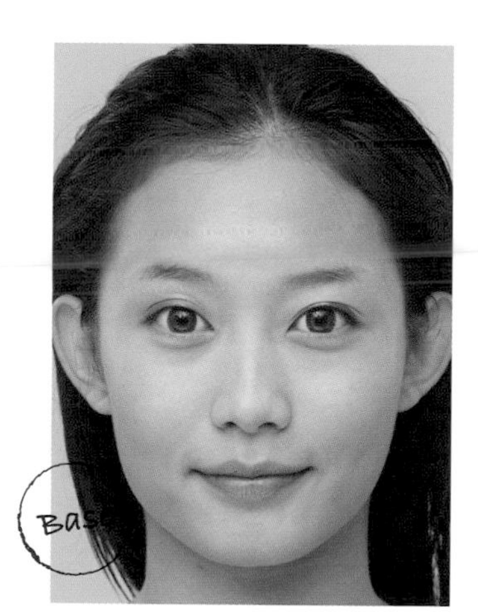

1 上好底妝、遮蓋臉部瑕疵之後，就可以開始畫眼妝了。

2 按照上圖畫出上揚、拉長、稍粗的眼線❶，眼尾要留個空洞。

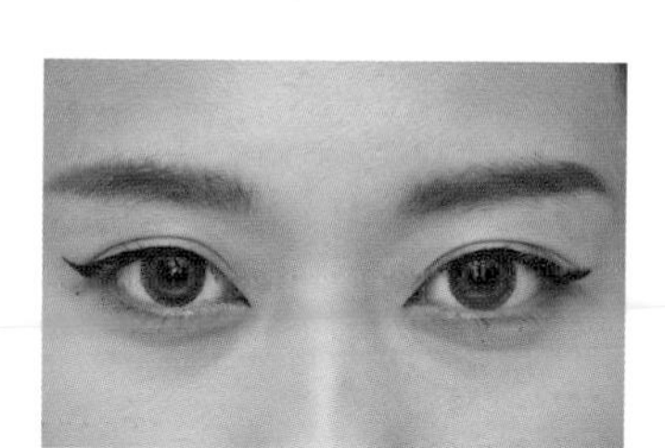

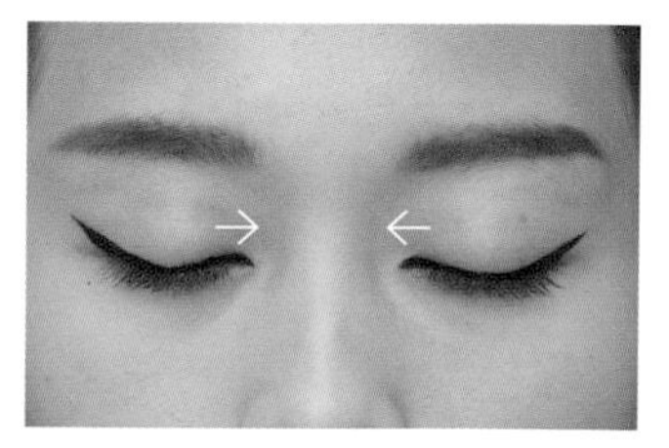

3 把剛才畫的洞填滿，再將眼頭的眼線稍微畫出來一些。

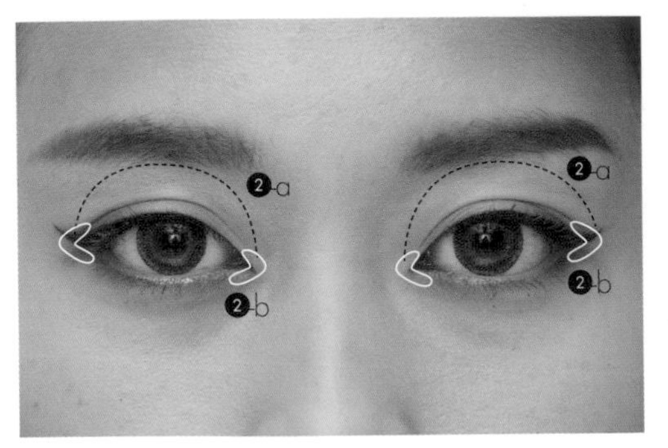

4 用淡淡的橘色❷-a畫在整個眼窩，並疊在剛剛畫的眼線上。巧克力色❷-b畫在眼尾、下眼頭的位置，這樣可以讓貓眼的眼型更深邃。畫好後再描畫一次眼線❶，讓眼線線條更清楚。

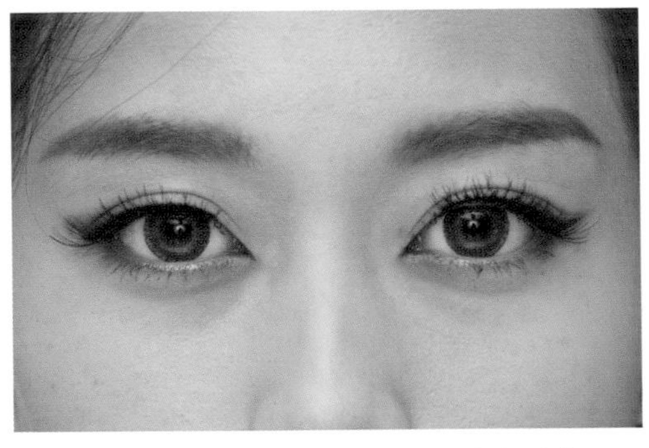

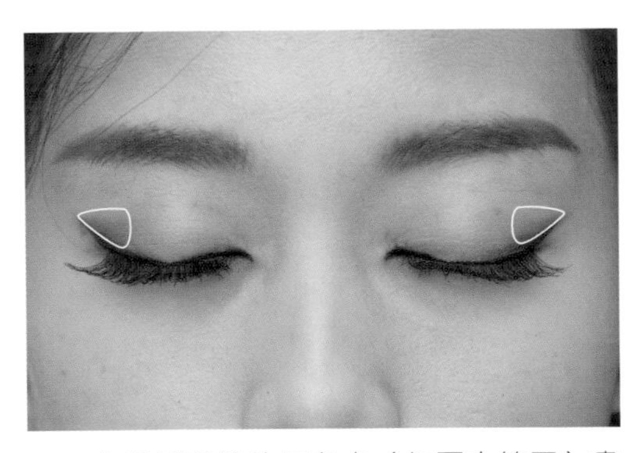

5 夾翹睫毛後，上下睫毛都刷睫毛膏❸，然後戴上前短後長的假睫毛❹，以眼尾為基準來貼，這樣能拉長眼型。戴好後再刷一次睫毛膏❸，讓真假睫毛密合，並在假睫毛黏接處再畫上眼線❶。

6 在眼尾眼線的三角處（如圖中範圍）畫上深色眼影❺，這樣能讓眼睛更深邃。

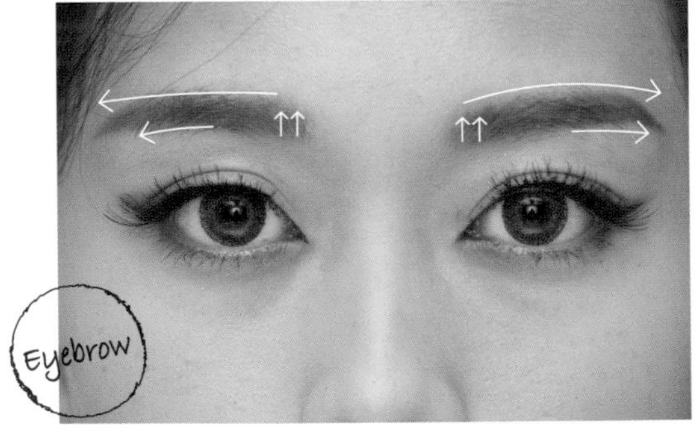

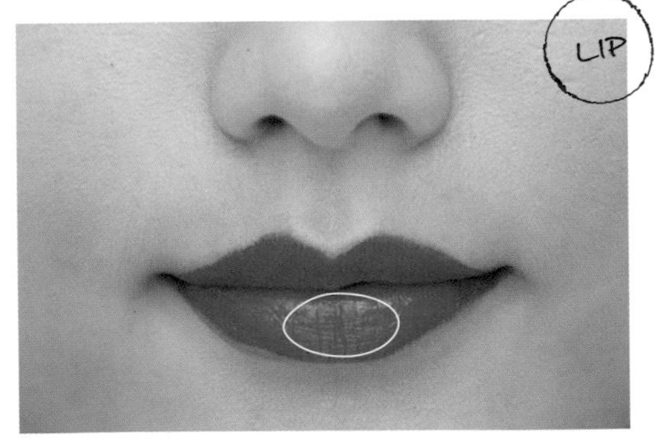

7 畫出韓系的粗平眉❻，眉頭要暈染開來，讓整個眉型看起來不會太剛硬。

8 用口紅筆❼將整個嘴唇塗滿，然後在下唇中間塗上一點點唇蜜❽，增加唇部的光澤感。

迷幻
煙燻妝
Key Point
紫色煙燻打造迷幻感
粗平眉散發個性魅力

有很多人不敢畫紫色的眼影，因為怕整體妝感看起來太妖豔。但其實用紫色來畫出煙燻妝，除了具有迷幻、神祕感，也能更增添許多時尚魅力，特別推薦膚色較深的女生來畫，呈現出來的感覺會很迷人喔！

Make Up Item

❶嬌蘭Guerlain／金璨四色限量版眼影 ❷CHANEL／單色眼影#灰 ❸too cool for school／瓦西里美術筆#02 ❹HR赫蓮娜／獵豹捲翹防水睫毛膏 ❺RIPI／假睫毛#BR-10 ❻CLIO／不斷電持色眉膠筆#02淺棕 ❼too cool for school／art class 腮紅 ❽YADAH自然雅達／愛搶眼旋轉蜜唇筆

Step by Step

1 上好底妝、遮蓋臉部瑕疵之後，就可以開始畫眼妝了。

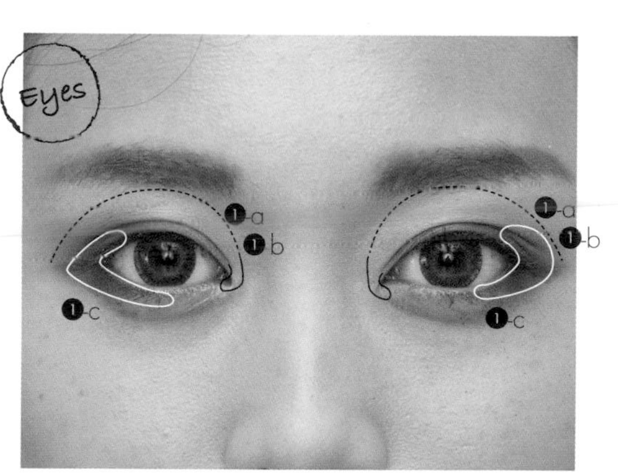

2 白色眼影❶-a先畫在整個眼窩，再用淺紫色❶-b畫整個眼窩，這樣能讓後續的眼影更顯色。紫色❶-c畫在眼線的位置，用按壓的方式來畫，並刻意拉長，再往上暈染，眼尾的く字部位也要畫。

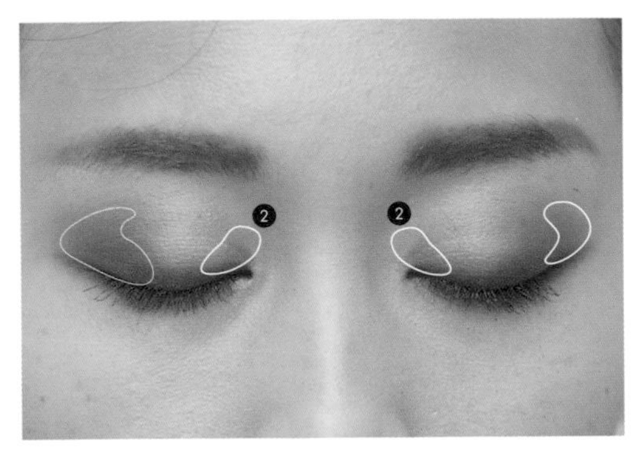

3 將灰色❷畫在眼頭、眼尾，這樣能讓紫色更有層次感。畫好眼影後，在睫毛根部再畫一條細細的眼線❸，畫好後再次畫上紫色眼影❶-c在眼線的部位。

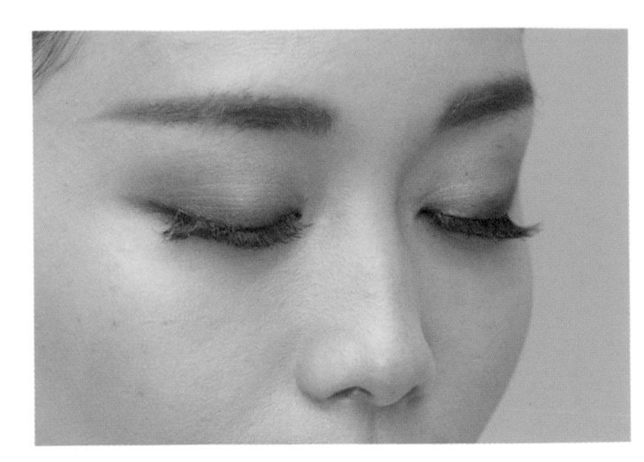

4 夾翹睫毛後，刷上下睫毛膏❹，並戴上假睫毛❺。戴好後再刷一次睫毛膏❹，讓真假睫毛密合，接下來在假睫毛黏貼處再畫上眼線❸。

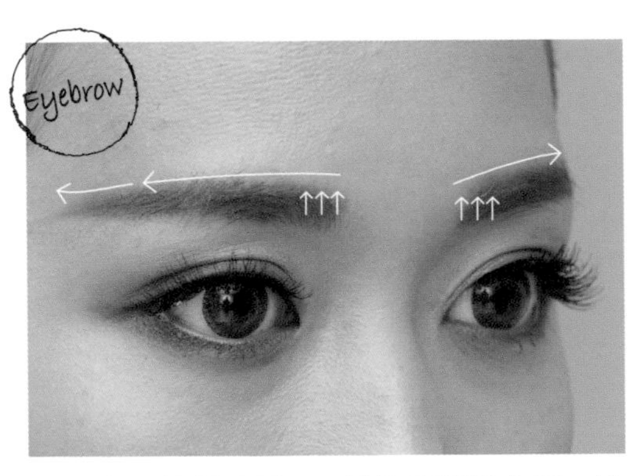

5 畫一個粗平眉❻，尾端畫稍微上揚，這樣會打造出比較個性的眉型，讓妝容看起來更性感。

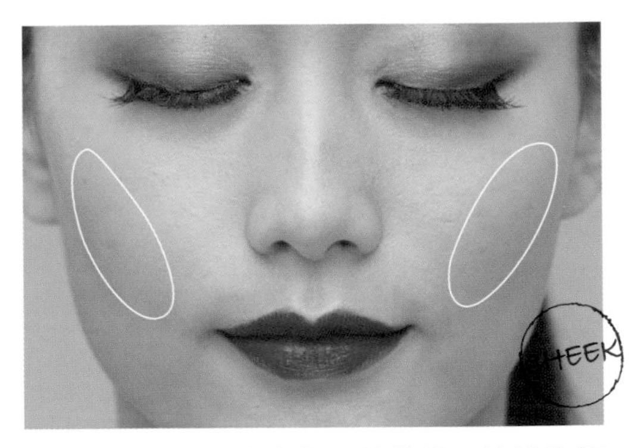

6 將腮紅❼斜畫在顴骨的位置，這樣能打造出成熟個性的風格。

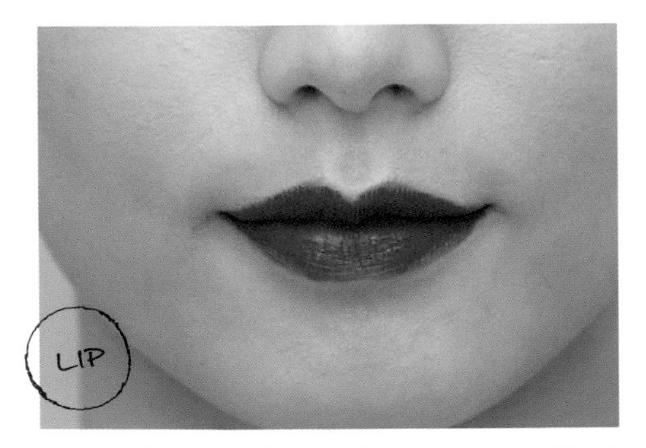

7 整個嘴唇塗上❽，迷人的唇色與眼妝搭配，看起來更迷幻。

微燻
心機妝
Key Point
酒紅色眼影增添眼神魅力
霧面咬唇妝打造微燻感

酒紅色的煙燻妝能呈現出迷人的風貌，但眼妝已經很重了，所以下眼線不用畫，而且眉毛、唇妝要淡淡的，否則會讓妝容看起來太兇。畫上霧面咬唇妝，就像喝完紅酒般，嘴唇殘留一點點暈染的紅色，看起來具有微燻感又迷人。

Make Up Item

❶too cool for school／美術課煙燻隨身盤#3粉膚&酒紅 ❷YADAH自然雅達／愛搶眼旋轉眼膠筆#02浪漫棕 ❸KISS ME／花漾美姬新翹力纖長防水睫毛膏 ❹KISS ME／花漾美姬零阻力絲滑濃黑眼線液筆 ❺SANA／New Born柔和三用眉彩筆 ❻MAC／柔礦迷光腮紅 ❼YADAH自然雅達／愛搶眼旋轉蜜唇筆#06葡萄酒李

Step by Step

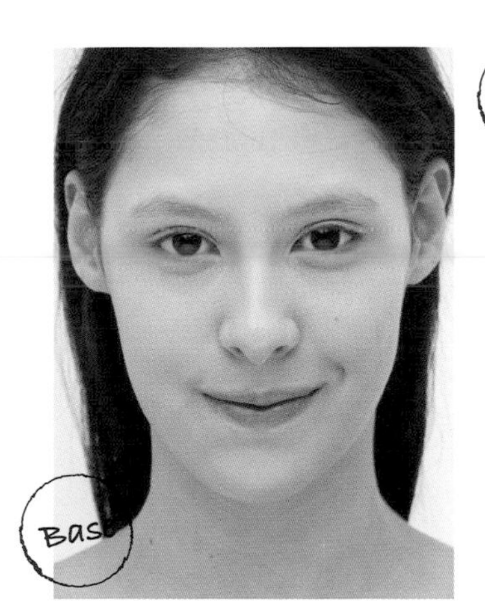

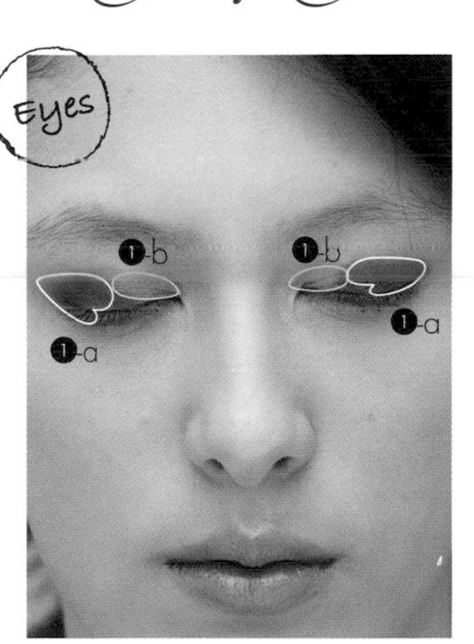

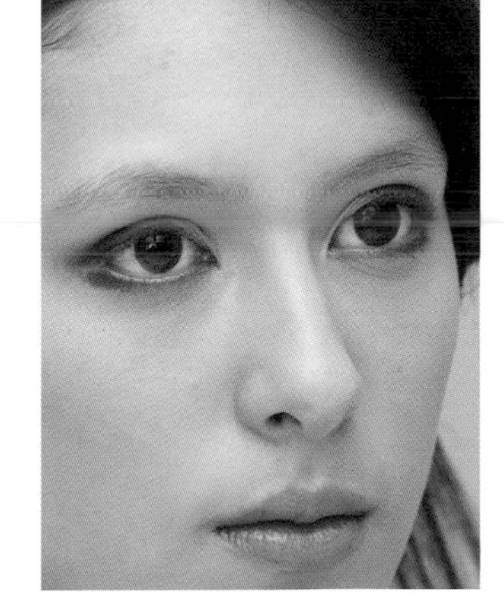

1 底妝用P.40的畫法，畫出陶瓷霧面底妝，讓肌膚看起來完美無瑕疵。

2 深色眼影❶-a畫在上、下眼尾後2/3，淺色眼影❶-b畫在眼頭1/3的位置，範圍如圖示。

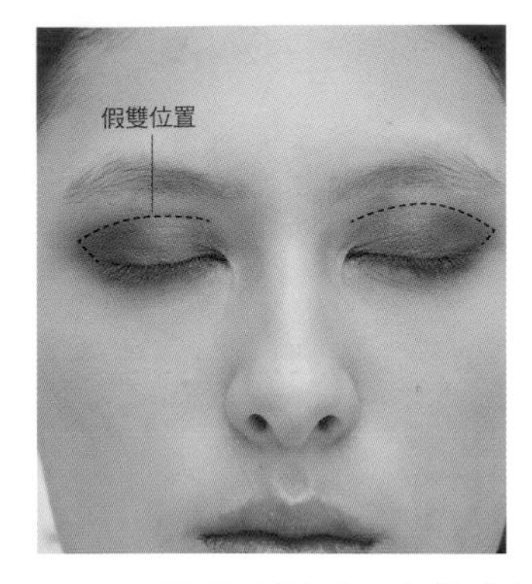

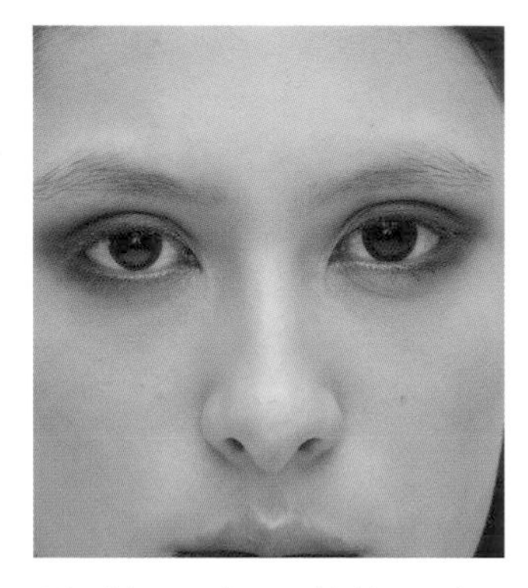

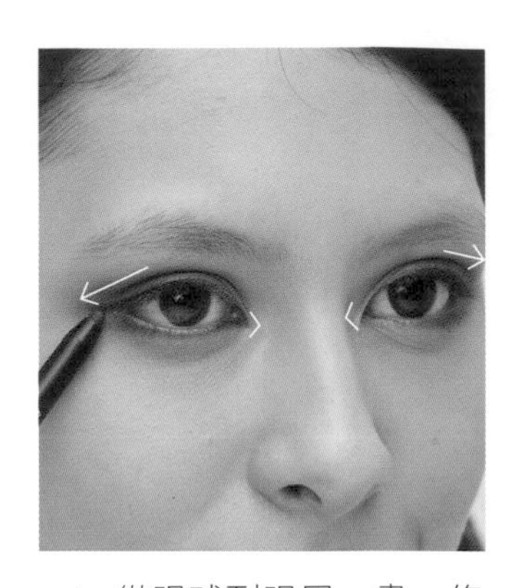

3 用圓頭眼影刷，先從淺色眼影刷勻、刷開，接著再刷深色眼影，眼睛的假雙位置可重覆暈染幾次。如果想要眼妝的層次感更明顯，可重覆步驟1、2來做出漸層感的眼影。

4 從眼球到眼尾，畫一條靠近睫毛根部的眼線❷，眼尾可稍微拉長，眼頭前端也要畫。

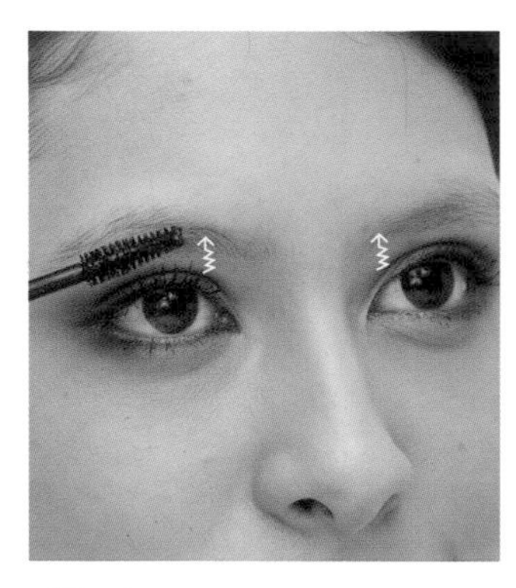

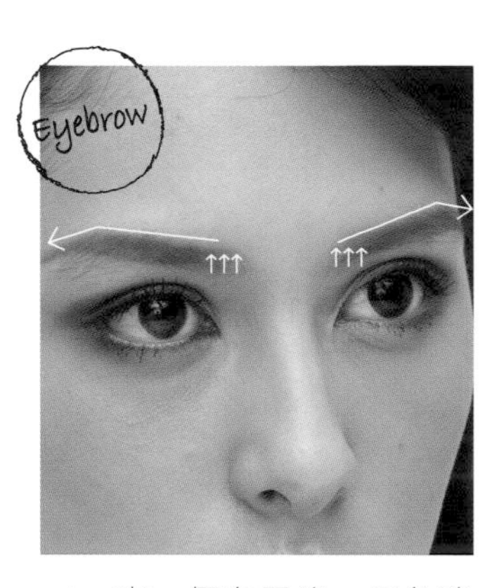

5 夾翹睫毛後，上下睫毛都刷睫毛膏❸，靠近睫毛根部要多刷幾次。畫好後再用眼線筆❷，描繪一次眼線，眼尾的部分可以用眼線液❹描繪。

6 畫一個有眉峰、眉色淡的眉毛❺，畫好後用眉刷把眉頭刷暈，讓眉毛更柔和，這樣能更散發出性感的魅力。

7 選具有珠光感的腮紅❻，將顏色混在一起，畫在淚溝的下方，如圖中範圍即可，不要畫太大塊。

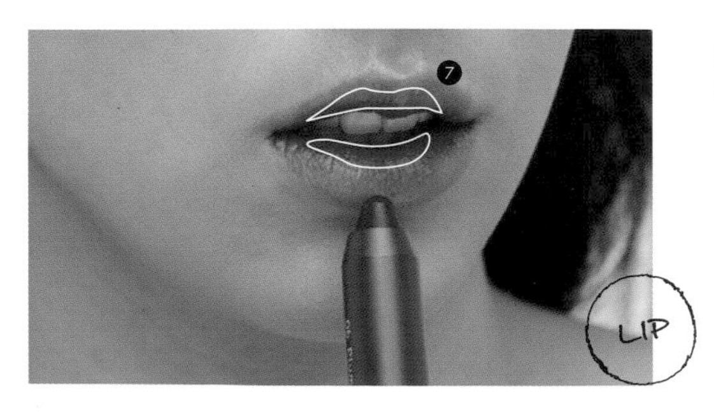

8 先用BB霜蓋唇部周圍，再按壓一下全部的嘴唇。接著從嘴唇內部塗上口紅筆❼，再用手指往外側暈染開。

時尚
煙燻妝
Key Point
全框式眼線
畫出個性感
藍灰色漸層
出時尚煙燻

煙燻眼妝因為妝感都比較重，所以在眉毛、唇、腮紅的畫法上，顏色就要偏淡為主，不然很容易讓妝感看起來太俗豔。整個妝的重點都放在眼睛上，利用全框式的眼線，再用黑灰色與藍色眼影漸層交疊，打造出迷人的時髦感。

Make Up Item

❶Sisley／漾澤精華眼彩筆 ❷Estee Lauder雅詩蘭黛／絕對慾望奢華訂製單色眼影#04BLUE FURY ❸FERNANDA／Lady Sapphire持久眼線筆 ❹KISS ME／花漾美姬新翹力纖長防水睫毛膏 ❺VALUE PAKE／假睫毛 ❻KATE／造型眉彩餅 ❼CLIO／不斷電持色眉彩膏#02淺棕 ❽too cool for school／美術課三色打亮餅 ❾MAC／柔礦迷光腮紅#HAND-FINISH ❿NARS／絲絨迷霧唇筆#Bolero ⓫banila co／口紅#BE111

Step by Step

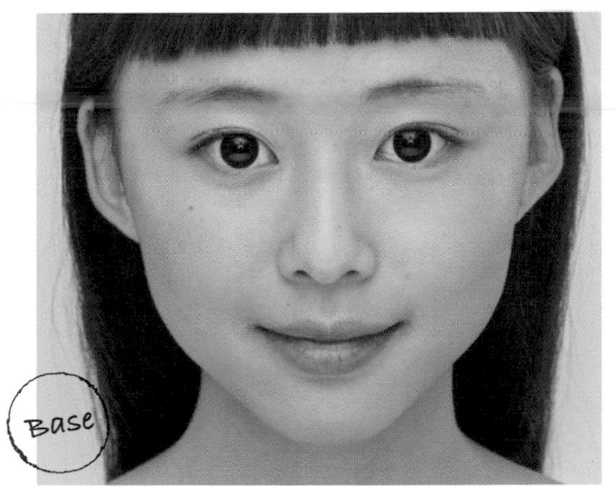

1 畫上P.93的底妝，並將臉上瑕疵遮蓋好，呈現出完美底妝。

2 用黑灰色眼影棒❶於圖中的位置塗滿。

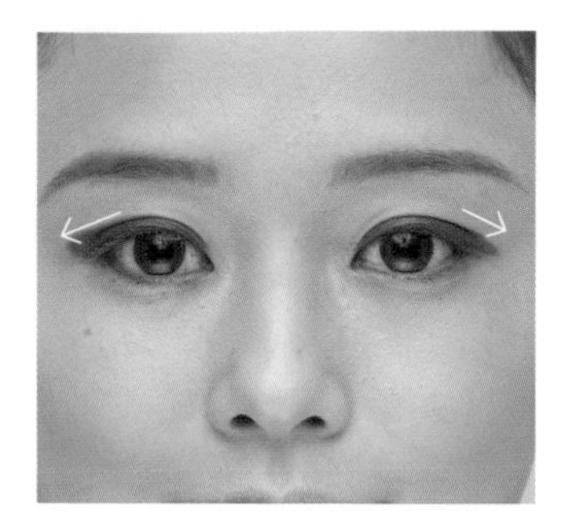

3 睜開眼睛看，就是塗滿整個雙眼皮折痕，眼尾有點往外延伸。

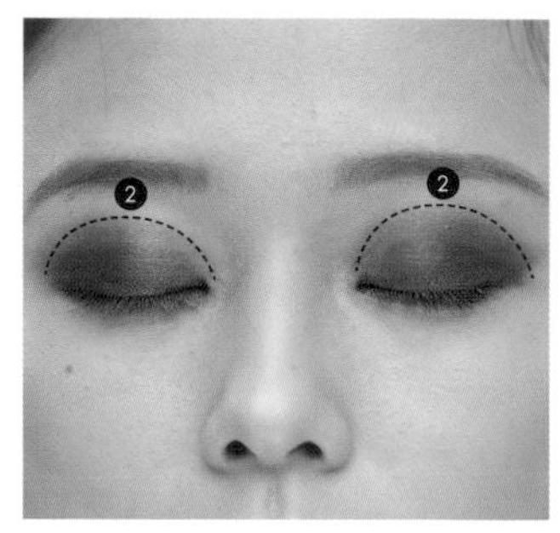

4 用藍色眼影❷疊在黑灰色眼影位置、下眼尾的ㄑ字部位，並延伸到眼頭做全框式眼線。接著用刷子把眼影再刷暈，打造出柔和的漸層感。

5 畫一條靠近睫毛根部的眼線❸，可稍微畫粗一點，畫完後再用藍色眼影❷疊在眼線的位置，這樣可以增加深邃感。

6 夾翹睫毛後，上下睫毛都刷睫毛膏❹，再戴上假睫毛❺。戴上後再刷睫毛膏❹，讓真假睫毛密合，最後用眼線液❸再次描繪假睫毛黏貼處。

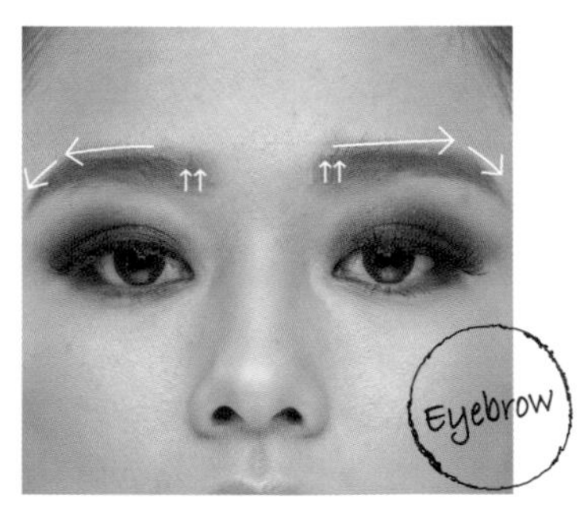

7 用眉粉❻畫出淡淡的平粗眉，眉尾可稍微往下，畫完後再用染眉膏❼刷上。整個眉型要稍微暈開，打造柔和感。

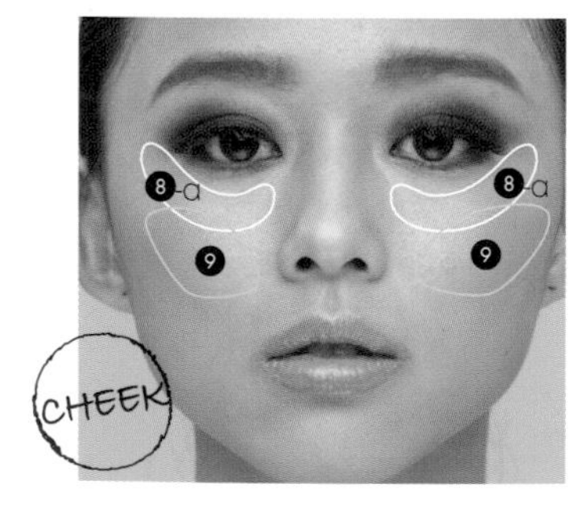

8 用珠光打亮粉❽-a畫在圖中的範圍，同一位置下方再畫上粉色腮紅❾，這樣更有時尚感。

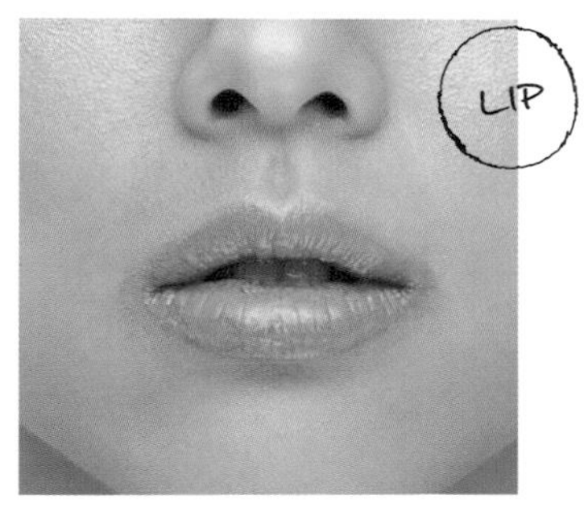

9 先用淺裸色口紅筆❿塗滿整個嘴唇，再塗上口紅⓫。

法式
紅唇妝
Key Point
珠光腮紅打
造時髦感
口紅筆畫出
法式紅唇妝

有許多人害怕挑戰紅唇妝，因為畫上後很容易讓人看起來老氣，因此畫紅唇妝的首要關鍵就是如何畫出具時髦感的法式紅唇妝。這個妝的重點就在於眼影顏色不要搶過紅唇，所以我們只用灰色漸層眼影，再用唇筆與口紅交錯畫出時髦感。

Make Up Item

❶CHANEL／四色眼影#93 SMOKY EYES ❷NYC／CITY PROOF眼影棒 ❸LB／鮮奶油超防水眼影眼線膠筆#流星黑 ❹HR赫蓮娜／睫毛膏 ❺COSMOS／假睫毛#E41209 ❻SHU UEMURA植村秀／眉筆#H9 ❼MAC／腮紅#HAND FINISH ❽YADAH自然雅達／愛搶眼旋轉蜜唇筆#01 ❾IPSA／自律循環遮瑕組 ❿嬌蘭Guerlain／KISSKISS法式之吻玫瑰潤唇膏#R329

Step by Step

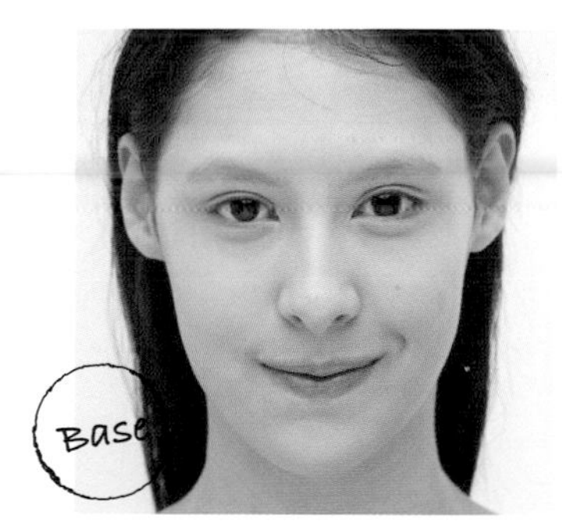

1 畫好P.40的底妝後，接下來就可以開始畫眼妝了。

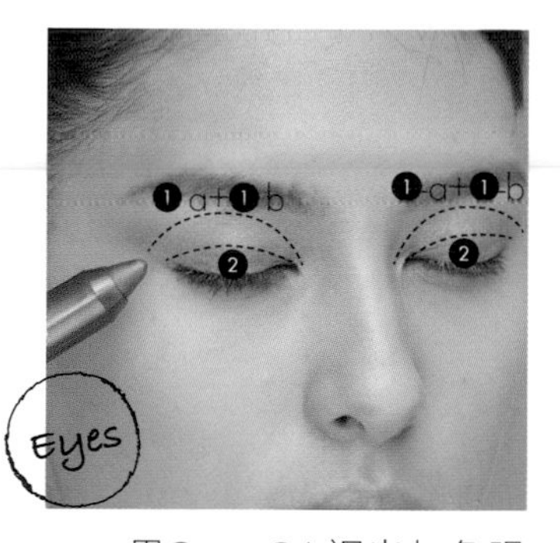

2 用❶-a、❶-b調出灰色眼影，塗在整個眼窩。接著使用灰色眼影棒❷塗在雙眼皮折，並往上暈染打造出光澤感。

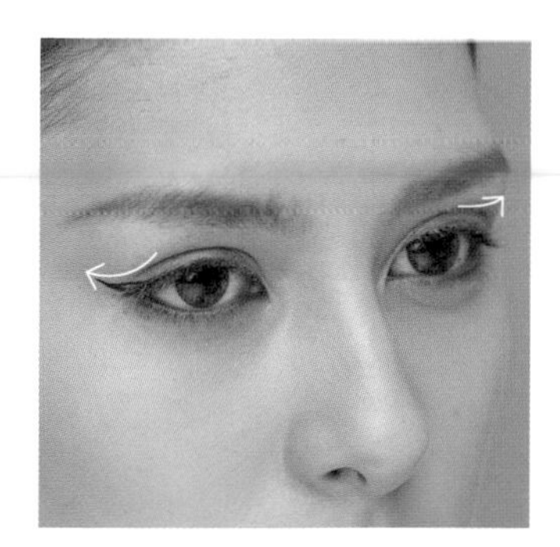

3 用眼線筆❸畫出拉長眼線，先畫眼尾的部分，中間可留一些空格，如圖中所示。

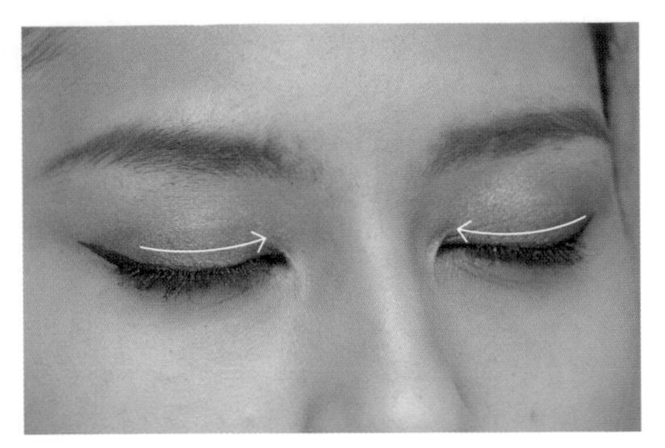

4 將眼線空格塗滿後，再往前畫出一條細細的眼線，畫好後用黑色眼影❶-c按壓在眼線的位置。

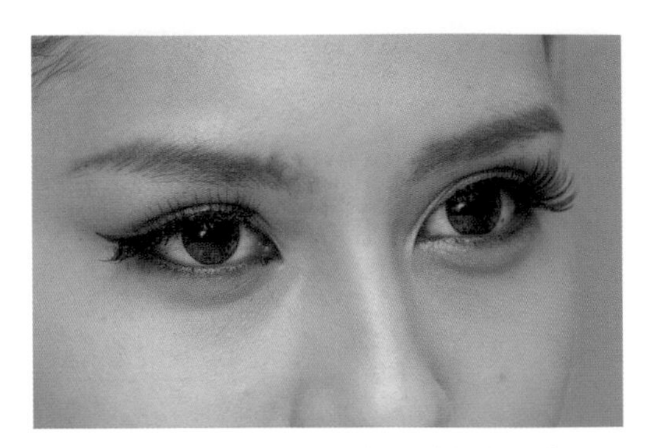

5 夾翹睫毛後，上下睫毛刷上睫毛膏❹，再戴上前短後長、根根分明的假睫毛❺。戴好後再刷上睫毛膏，讓真假睫毛密合，並用眼線筆❸描繪假睫毛黏貼處。

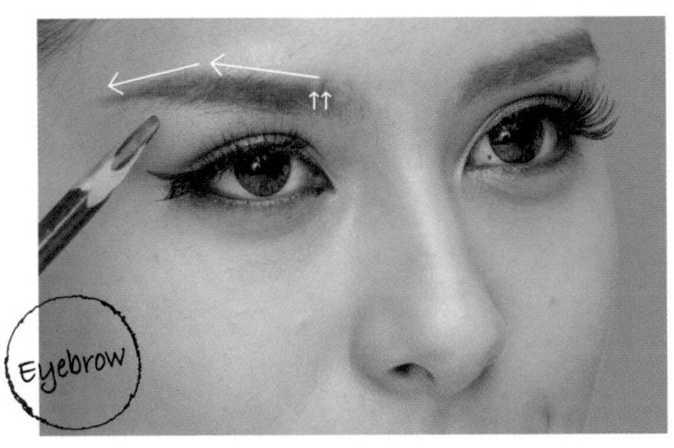

6 畫出挑高眉峰的眉毛❻，眉頭要淡並用刷子暈染開來，這樣能看起來更性感。

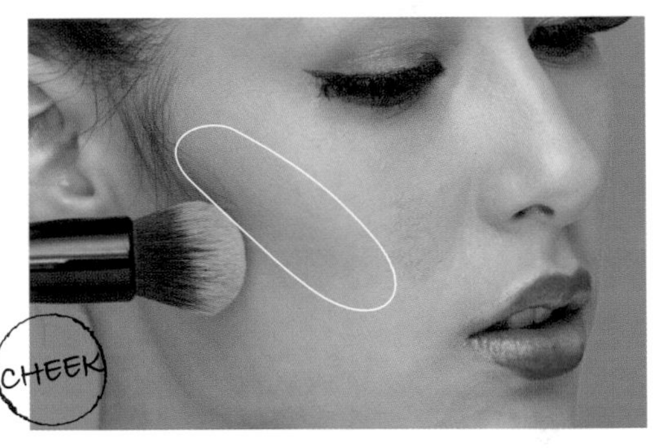

7 從眼尾到顴骨的位置，用帶點小珠光感的腮紅❼來畫，會看起來更時髦，畫的位置如圖中所示。

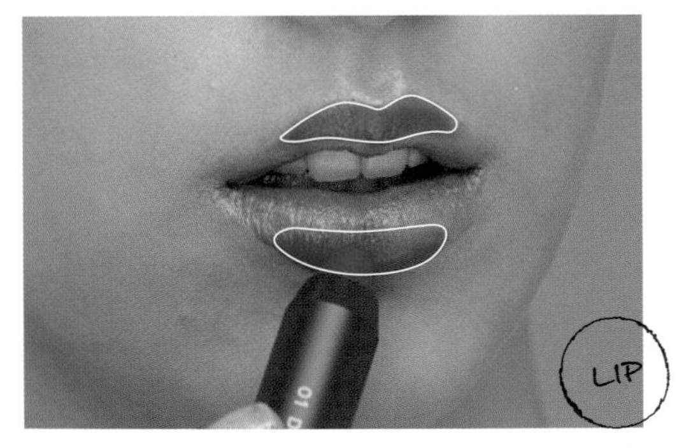

8 先用口紅筆❽將整個唇的輪廓描繪出來，唇峰的位置一定要對稱。

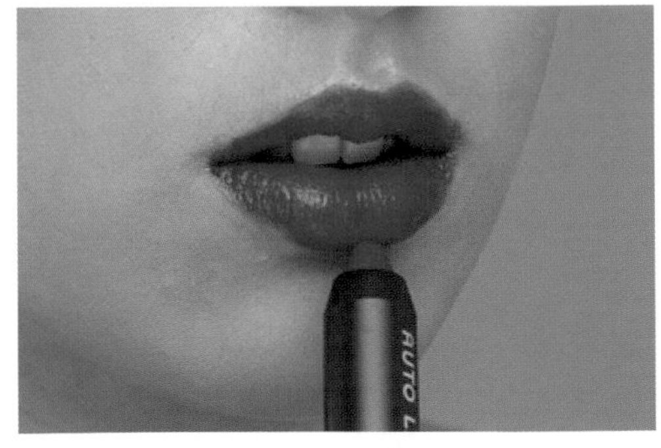

9 用小刷子沾上遮瑕膏❾，描繪唇部邊緣，邊線要淡淡的不要太明顯，這樣能讓唇型更立體。最後用蓋圖章的方式畫上唇膏❿，畫好後再用口紅筆❽塗滿唇部。

PERFECT LOOK

Van Wei's SPECIAL MAKE-UP

PART 4

NG妝退散！
畫出不失敗の完美妝容

眼妝該如何畫出深邃感？怎樣畫出好看的眉毛？你想知道的所有化妝Q&A通通大破解！再教你小眼變大眼、塌鼻變挺鼻的神奇化妝術，NG妝通通退散！

救救我的NG妝！放大美麗縮小缺點

CASE 1 單眼皮變大眼

除了貼雙眼皮貼之外，單眼皮有兩種畫法可以讓眼睛變大，第一種是**將深色眼影或眼線，塗滿雙眼皮折的位置，睜開眼睛時要能看到深色眼影或眼線，就能讓眼睛變大**。重點是把眼線、眼影畫粗一點，關鍵在於睜開眼睛時要能看到，以睜開眼睛的時候來做檢視，就能視覺性的變大。

淺單眼皮（眼皮較薄）的人，可以運用假雙的畫法來讓眼睛變大。**先用淺色眼影塗在整個眼窩，深色眼影塗在眼尾並在眼窩凹陷處畫出一條線，關鍵是要用扁的小刷子來刷，再將線條暈染開來**，掌握眼頭淺、眼尾深的重點來畫出眼窩的假雙位置，就能放大雙眼。

Key Point 1

深色眼影或眼線畫粗一點，睜開眼睛要能看得到。

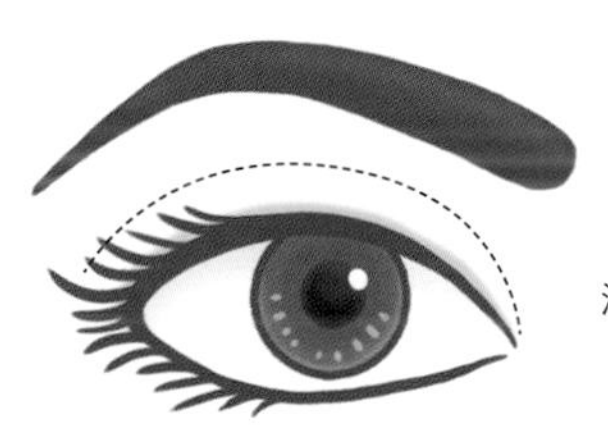

深色眼影或眼線畫粗一點

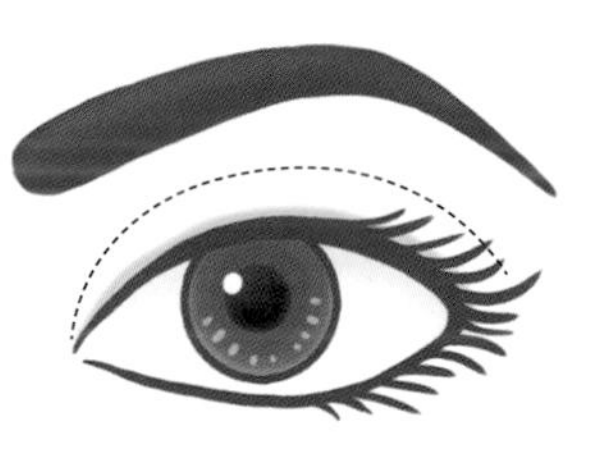

Key Point 2

淺色眼影塗滿眼窩後，用扁的小刷子沾深色眼影畫出眼窩假雙線條，再暈染開來。

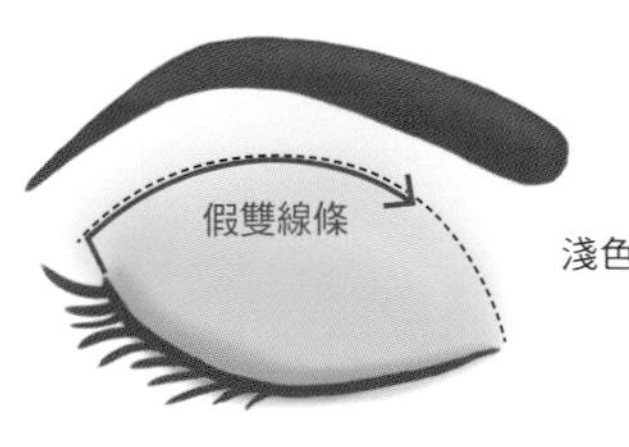

淺色眼影塗滿眼窩

CASE 2 矯正下垂眼

想要矯正下垂眼，可以在眼頭畫細細的眼線矯正，上眼線則從眼球中間開始畫到眼尾，填滿圖中的位置，並用深色眼影或眼線來畫眼尾的部位，眼尾不要拉長，要畫提高一點點、平一點點，這樣眼睛就不會這麼垂。如果眼睛很小，可以先塗深色眼影再畫上細細的眼線。

Key Point

眼尾用深色眼影或眼線畫提高一點、畫平一點。

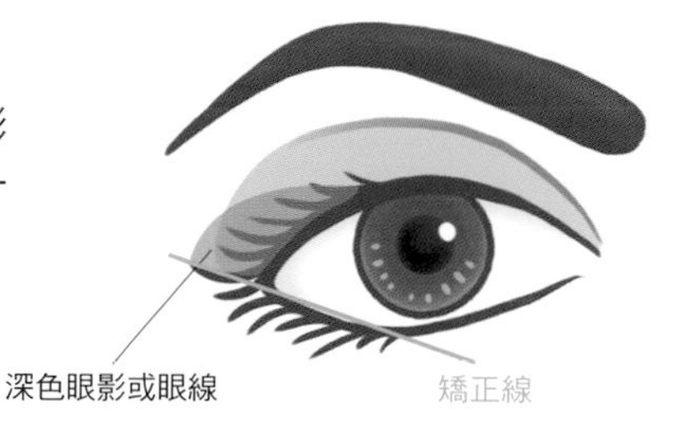

CASE 3 矯正鳳眼

鳳眼都是單眼皮比較多，建議眼線畫到眼尾的く字部位時，可以拉長並往下畫，而中間的空洞就用深色淺色眼影疊加打造出層次感，這樣就能矯正過翹的鳳眼，將鳳眼矯正回正常眼型。

Key Point

眼尾用深色眼影或眼線，拉長並往下畫。

CASE 4 薄唇變厚唇

以嘴角的點為基礎點，用唇線筆畫超出唇部的範圍，再用唇刷暈開後，再塗上口紅，畫好後再稍微修飾唇邊。掌握的關鍵就是用唇線筆畫超出範圍，因為唇線筆比較不容易脫妝，可以讓唇型維持更久。如果很容易出油、脫妝的人，可用蜜粉再次輕壓唇邊，再塗上口紅。

Key Point

用唇線筆畫超出唇部的範圍。

CASE 5 厚唇變薄唇

用膚色的遮瑕膏蓋住嘴唇邊緣，但是嘴角的點不要塗，意思就是唇的寬度不能改變，單純是改變唇的厚薄度。用筆刷沾取遮瑕膏，修飾好再以蜜粉定妝，之後再塗上口紅修飾。市面上有膚色的修容筆（專門修唇用的），或是使用遮瑕膏來修唇邊，遮瑕修飾後可以再用唇線筆再修飾一下。

Key Point

用遮瑕膏修飾唇邊，蓋住周圍讓唇變薄。

CASE 6 塌鼻瞬間變立體

想要讓塌鼻看起來更立體，可以準備亮色粉底（修容粉）、深色粉底（修容粉）來修飾。首先在眉頭的眼窩三角處、鼻頭上方的位置用深色來製造出陰影，這樣有讓鼻子變立體的感覺。接下來在鼻頭與鼻樑的部位，用亮色來修飾。

Key Point

★深色修容粉：
眼窩三角、鼻頭上方。

★亮色修容粉：
鼻樑、鼻頭。

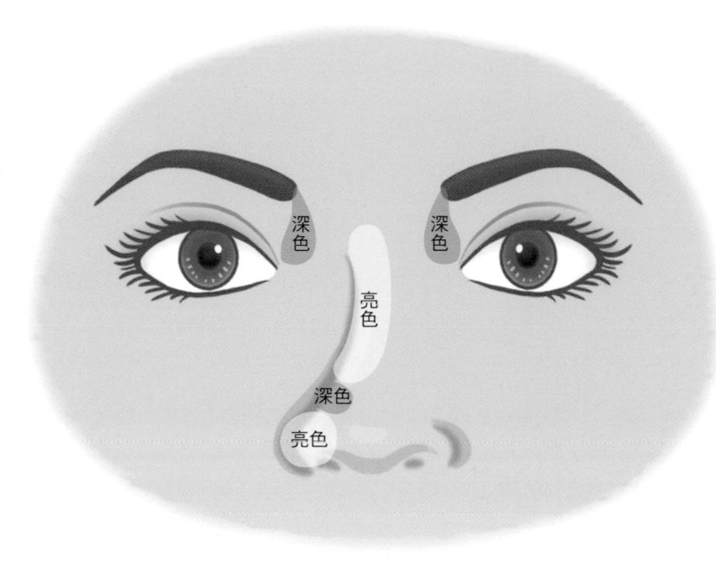

鼻翼泛紅可用修容盤修飾

如果鼻翼有點泛紅的話，可以用修容盤來修飾，這組三色的修容盤不僅能遮蓋黑眼圈，用來修飾泛紅也很好用，是我的遮瑕小法寶之一！

←IPSA／
自律循環遮瑕組

Lesson 15 Q&A大破解！化妝不失敗の祕訣大公開

Q&A 底妝疑難雜症大破解

Q 遮瑕的正確流程？

建議流程 遮瑕→粉底液→薄蜜粉隔離→再遮瑕→再上蜜粉，若還蓋不住，繼續以下動作：遮瑕→蓋薄蜜粉→遮瑕→蓋薄蜜粉

A 遮瑕時要細心的遮好，再按壓蜜粉定妝，之後就較不易脫妝。所有遮蓋瑕疵（平的），例如：痘痘、痘疤、痣，都是先蓋深色再蓋淺色（膚色或亮色），若先蓋淺色則會讓瑕疵越明顯。這裡的深色，是指比皮膚深一個色號的顏色。

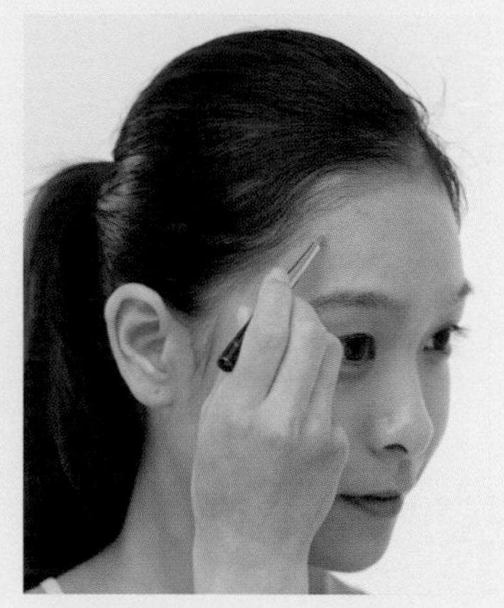

↑先蓋深色再蓋淺色，最後用蜜粉定妝是遮瑕的基本步驟。

Q 要先遮瑕還是先上粉底液？

A 橘色、綠色、紫色遮瑕膏，可以在畫粉底液前用，再靠粉底讓它變均勻。若是膚色遮瑕膏，粉底液前或後使用都可以。先遮瑕再上粉底液時，粉底液要用點、推、壓的方式塗上，遮瑕才不會被推掉。塗粉底液時，額頭可以用輕推的方式，塗到眼睛下方則要用點壓的。

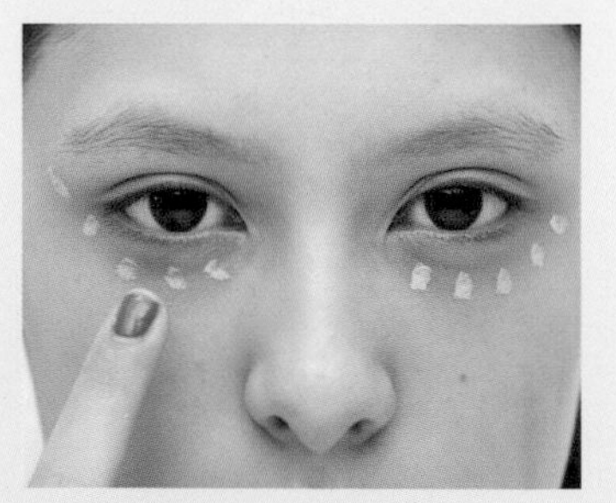

↑眼睛下方的遮瑕，用手輕輕點壓才不會導致遮瑕太厚重產生皺紋。

粉底液的顏色該如何選擇？

A 粉底液通常是選與自己膚色相同的顏色，但其實深一號或亮一號的粉底液，能打造出的效果也不同。如果想讓臉看起來有氣色，可選比脖子的色號再亮一號的色階，而深色的粉底液則可在重點處塗上（可翻至P.48修容單元），打造出陰影就能讓臉有看起來變小的錯視效果。最重要的關鍵是，**選色時建議以脖子的色調為基準來選**，才不會讓臉部與脖子產生落差。

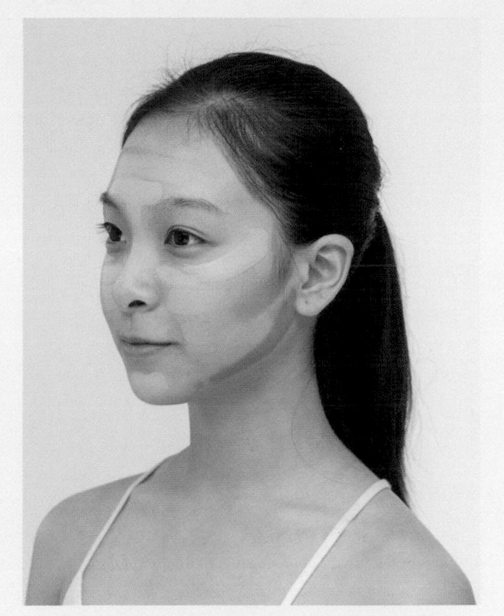

↑臉上塗深淺不同的粉底液，就有修容與打亮的效果。

Q 脫妝了怎麼辦？有補妝的技巧嗎？

A 補妝前先用海棉推掉臉上的妝，才不會越補越厚、越補越髒，而且要先吸油再補妝，除非出油量過多，否則不建議用吸油面紙，因為容易吸收過多油脂反而造成肌膚乾燥。**建議拿一張面紙（面紙通常有二層，拿一層就好）把適量油脂吸掉後，再用海棉推**。如果空氣及髒污狀況嚴重，可以先噴保溼噴霧在臉上，推掉後再用粉餅補妝。

如果是局部脫妝，可以用蜜粉補妝，但如果是黑眼圈這類有遮瑕的地方脫妝，建議先用化妝水推掉，然後塗遮瑕膏，再用粉撲沾蜜粉定妝。

局部脫妝，可以用海棉沾上化妝水或是保溼礦泉水先推掉後再進行補妝。

↑理膚寶水／臉部舒緩溫泉噴液

Q 如何讓妝容看起來更童顏？

A 畫好底妝後，再用提亮粉底畫在眼睛下方、T字部位、下巴，然後用遮瑕膏於眼睛下方畫出一個三角形，全部推開再用蜜粉按壓。

這樣主要是讓蘋果肌上提，具有提亮+修飾的功效，能讓眼睛下方的凹陷處凸起，打造出童顏、年輕感。

Q 化妝的正確流程？

建議流程	防曬隔離霜→CC霜、BB霜、粉底液、氣墊粉餅（擇一使用）→遮暇→蜜粉定妝

A 化妝前建議先擦防曬隔離霜，再上粉底（或是氣墊粉餅），然後針對臉上的小瑕疵進行遮瑕，再用蜜粉定妝，就可以開始化妝（眼妝、唇、頰等等）。

隔離霜建議選All in One的，質地要越清爽越好，較不容易阻塞毛孔，這個道理就像蓋房子一樣，底沒打好的話房子就會垮了。

↑底妝仔細畫好並用蜜粉定妝後，再開始化妝就比較不容易脫妝。

Q&A 眼妝疑難雜症大破解

Q 眼窩的假雙位置要如何畫？

A 眼窩的假雙位置塗上眼影，可以讓眼睛更深邃更迷人，這也是歐美很流行的畫法。首先用淺色眼影將整個眼窩打底，再用扁平小刷子將深色眼影畫在眼尾的く字位置（如圖中範圍）。這裡就是眼窩假雙位置（眼球上方的凹陷處），將深色眼影來回暈染，訣竅就是要用扁頭的小刷子來回暈，眼尾的部位要深，暈染到前面時越來越淺，就能畫出眼神的深邃度。

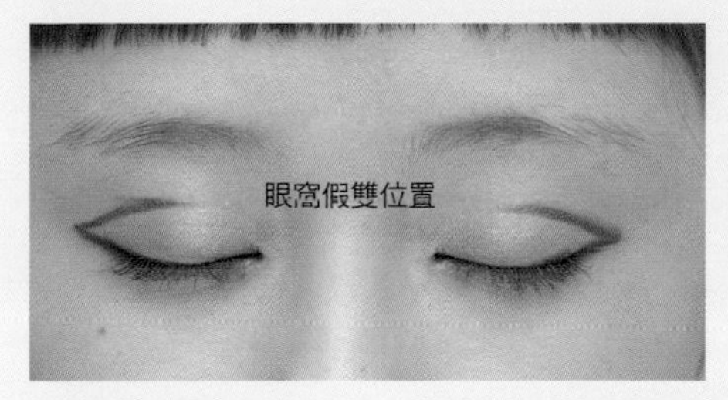

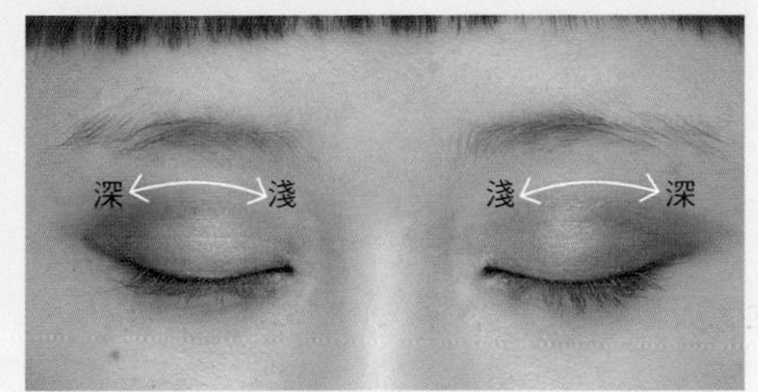

↑先用刷子畫出假雙的位置，再稍微暈開就能製造深邃感。

Q 夾翹睫毛，有沒有什麼技巧？

A 用三段式的夾法，才能把睫毛夾的好看又自然。睫毛分成靠近睫毛根部的前端、中端、尾端（最外面），先夾前端再夾中端，夾完中端再夾尾端，但是夾尾端時要特別注意，力道一定要小，否則夾出來的形狀變L型就會很難看。

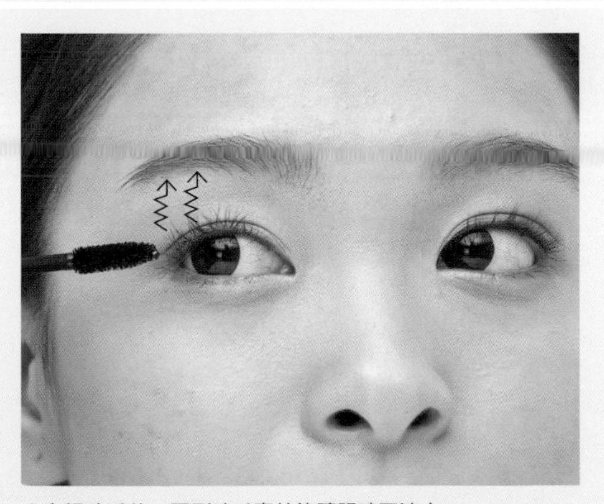

↑夾翹睫毛後，再刷睫毛膏就能讓眼睛更迷人。

戴假睫毛有什麼小技巧嗎？

A 夾翹睫毛後，上下睫毛都刷睫毛膏，再戴上假睫毛。可挑選透明梗、纖長且根根分明、具有毛束感的假睫毛，這樣更能放大雙眼。接著用眼線液再描繪一次假睫毛黏貼處，並用睫毛膏再刷一次，讓真假睫毛更密合。除此之外，刷睫毛膏的時候，如果有稍微結塊或黏在一起，可以用旁邊這種睫毛專用小刷子來刷開。

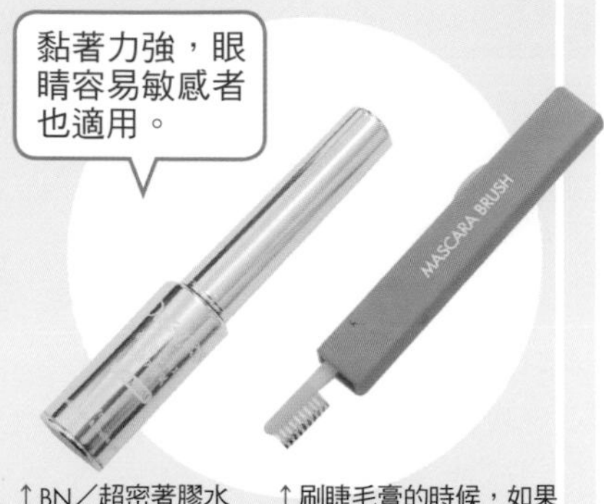

↑BN／超密著膠水（黑膠）

↑刷睫毛膏的時候，如果有稍微結塊或黏在一起就可以用這種小刷子刷開。

↑戴上假睫毛後，要再刷一次睫毛膏讓真假睫毛密合。

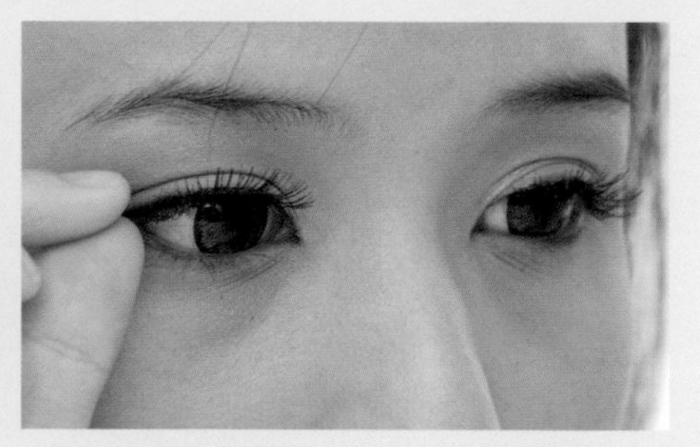

↑選根根分明的假睫毛，有自然放大雙眼的效果。

粉色系的眼影，讓眼睛看起來好浮腫？

A 很多人只敢塗大地色系的眼影，粉色系的卻不敢塗，因為這種顏色很容易讓眼睛看起來很浮腫。其實只要先用深色修容粉或是深色眼影在眼窩（眼睛凹陷處），畫出一個假雙的線條，這樣就能加深眼睛的深邃感，也不會讓粉色眼影看起來這麼浮腫。

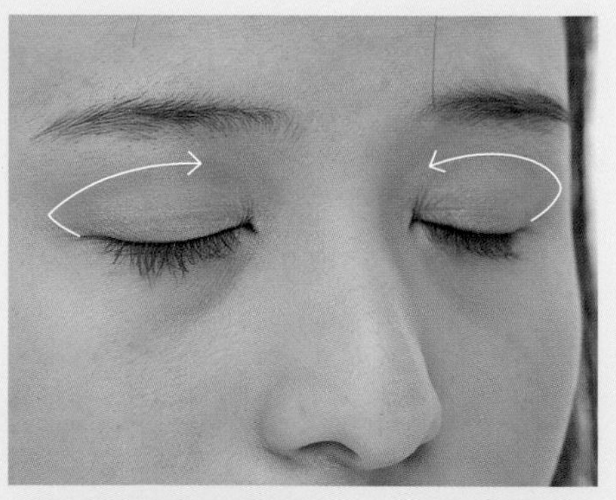

↑用修容粉刷在眼窩的地方，畫下來跟眼尾連在一起，再稍微暈開，就能讓粉色系眼影看起來不這麼浮腫了。

眼影不顯色怎麼辦？

↑用眼影棒打底，再塗上同色系眼影粉，就能讓眼影更顯色。

A 如果眼影不顯色，可以先用眼蜜打底，再塗上眼影粉或是眼影棒，顏色就會很明顯。

如果沒有眼蜜的人，可以直接使用眼影霜或眼影棒打底，再將同色系的眼影粉塗上去，就能打造出華麗又顯色的妝感。

Q 眼線分段畫會比較好嗎？

↑眼線要分段畫較不易出錯，眼中可以來回加粗就能放大雙眼。

A 眼線若是能一筆畫完最完美，但技術不好的人建議分段來畫，會比較不容易畫錯。

分段畫法可以從眼中畫到眼尾，接著再從眼頭畫到眼中連接起來，如果想要讓眼睛更深邃，可以在眼中的部位加粗一點，就有放大雙眼的效果喔！

Q 眼線的顏色，對眼妝有什麼影響？

A 黑色眼線是最能打造出深邃感的顏色，但是也很容易讓妝容太嚴肅、讓妝感看起來太兇，可以選用咖啡色或軍綠色的眼線，來取代黑色眼線，這兩個顏色有柔和眼妝的效果。

↑軍綠色或咖啡色眼線，有柔和眼妝的效果。

Q 眼線要怎麼畫，才能畫出漸層感呢？

A 化妝其實就像畫畫一樣，而臉上就是一個大畫布，想要畫出好看的眼妝，一定要畫出漸層感才能讓眼睛更深邃有神。除了眼影要畫出漸層色之外（用假雙就能畫出漸層感），眼線也要畫出漸層色，但眼線的漸層色並不是用一深一淺的眼線筆來畫，而是**使用黑色眼線畫好後，可以在眼線的位置疊上深色眼影**，這樣就能更襯托出立體感。

↑眼線、眼影都要畫出漸層感，這樣才能讓眼妝更好看。

如何畫內眼線、隱形眼線呢？

A 如何畫出好看的眼線？重點就是睫毛根部一定要畫，睫毛根部的位置就是內眼線、隱形眼線，這裡畫眼線就能畫出迷人的眼神！畫內眼線的時候要輕輕拉提上眼皮，填滿睫毛根部的空洞，畫好後再畫外眼線（手不用拉提眼皮），就能讓眼睛有自然放大效果。

↑畫內眼線時，要用手輕輕拉提上眼皮來畫。

Q 畫眼妝時，有哪些要注意的小技巧？

A 所有的眼妝產品其實都很好用，主要是看個人的習慣及手法來挑選，新手建議從眼線筆開始練習，重點在於眼線弧度，線條寬細度的畫法。熟練後再依自己的需求選擇，例如想挑選抗水、抗暈力強的眼線膠筆，或是有霧面效果的眼線膠等等。

另外，使用眼線液來畫濃妝時，畫完後再疊上一層眼影，就能克服眼線液畫出的線條較生硬、老氣的感覺。

↑熟練眼線筆後，不論是眼線液或眼線筆、眼線膠都能快速上手畫好眼妝。

Q&A 眉＆唇＆頰疑難雜症大破解

Q 該怎麼畫出完美眉毛？

A 眉毛在臉上擁有一定的地位跟影響力，一個完美的眉型不只會讓你更美更受歡迎之外，還會牽動「事業、人緣、愛情」，幫你的人生邁向勝利組！眉毛的「形狀、濃淡、顏色」更是決定整體妝容與氣質的關鍵之一，因為眉毛深深地牽動著臉的型狀跟改變立體度的指數，所以擁有一對天生幾乎完美的眉毛，是非常迷人也令人羨慕的。

那麼怎樣的眉毛才算完美呢？眉毛要「剛中帶柔，柔中帶剛」是最吸引異性的，再來就是「眉色、眉型、眉毛濃密度」很重要，底下我會依各種不同眉毛的問題來對症下藥。

另外，畫眉時要創造根根分明的感覺才自然，可以用乾掉的睫毛膏往上逆刷眉頭，而眉頭後的眉毛反向刷，讓眉毛有站起的感覺，才是打造出完美眉型的關鍵步驟。

↑創造出眉束感，是畫出完美眉毛的關鍵步驟。

◎眉毛問題大解惑

眉毛類型	印象＆缺點	改善產品
眉型太濃太黑	顯得太兇、男人婆	染眉膏（改善眉色）
眉型正常但太稀疏	沒精神、不會放電	眉粉+眉筆
眉毛太短	顯得臉大、笨拙	眉筆+染眉膏
完全沒眉毛	沒人緣、魯蛇	眉粉+眉筆+染眉膏
沒有眉尾	不夠完美，缺少朋友緣	眉筆畫在眉尾，增加眉束感
眉頭太淡	眉宇之間不夠立體	眉粉+染眉膏（補滿眉頭）

Q 眉峰、眉尾的位置怎麼判斷？

A 一般來說，眉峰是指眼尾往上延伸的直線，而眉尾的位置是要從鼻頭外側延伸到眼角的線條上。除非是比較特殊的妝容，想呈現出無辜感，眉毛可以再刻意畫長一點，打造楚楚可憐的形象。

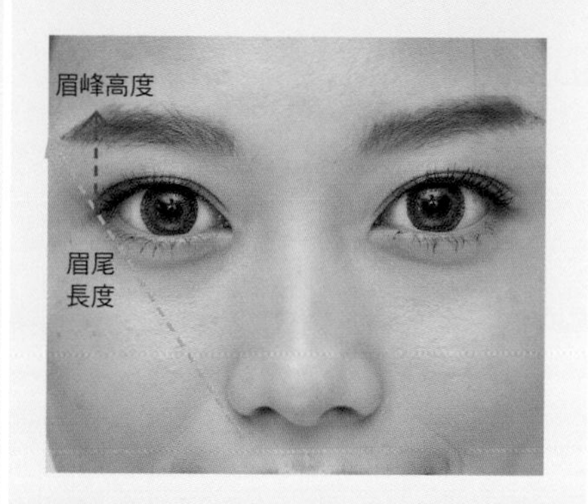

Q 每次塗完口紅，嘴巴都乾乾的？

A 常常有人會問我，怎樣畫唇妝才會甜美？建議在化妝前先塗上護唇膏徹底滋潤，接著塗上口紅，接下來塗上唇蜜，這樣就會讓嘴唇看起來不會這麼乾，還能打造出嘟嘟水潤唇的效果喔！

↑CHANEL／深層保濕唇霜

Q 如何畫出好看的唇妝？

A 想要畫出好看的唇妝，建議可以用漸層色的畫法，就是不要只用一個顏色來畫，畫出中間色較深、越往外越淡的唇妝是最好看的，這也是韓國很流行的「咬唇妝」。顏色的深淺可以自己變化，例如嘴角較深、中間較淺也能強調出唇部的立體感，平常有空時可以自己在嘴唇塗上深淺色來練習，就能畫出最適合自己的唇妝。

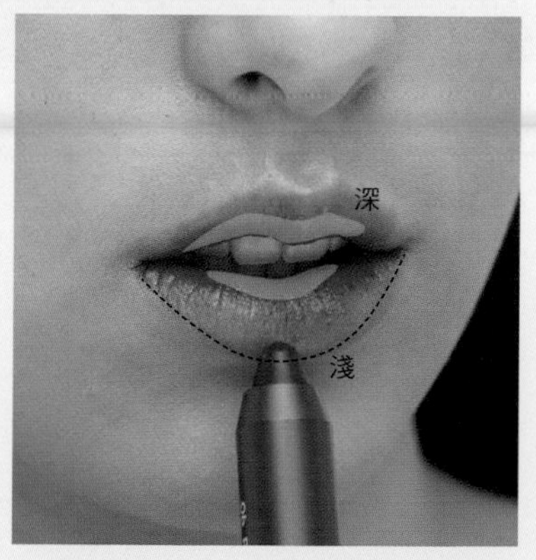

↑漸層色的咬唇妝，能讓唇妝更增添魅力。

迷人的唇型要怎麼畫？

A 畫唇妝時，可以先塗上護唇膏，再用唇線筆勾勒出唇型後，再塗上同色系的唇膏，這樣就能讓唇型更好看，既顯色又持久。唇線筆因為質地比較乾，所以較不容易掉落，而且可以特別使用在要畫出豐滿唇型的時候，例如薄唇想變成豐美的性感厚唇，就用唇線筆畫超出自己唇型的範圍，再塗滿整個嘴唇，最後畫上同色系唇膏。如果怕唇線筆描繪的唇型掉落，唇部周圍也可按壓少量蜜粉定妝。

↑用唇線筆描畫唇型，可以讓薄唇變身豐滿嘟嘟唇。

Q 腮紅顏色該如何選擇？

A 化妝包裡最少都要備有2種以上腮紅，不論是液狀腮紅或是深淺色的腮紅，都是打造給人「甜美印象」的必勝利器。但要如何善用腮紅來打造甜美女神的容顏呢？首先你要知道自己的膚色適合什麼腮紅，才是畫出完美容顏的第一步。

◎膚色VS適合腮紅顏色

膚色	適合腮紅
白皙膚色	任何顏色的腮紅都可以。
偏黃膚色	珊瑚色或橘色，偏金色系珠光腮紅。
暗沈膚色	選微珠光色系（不要太明顯的珠光）。
泛紅膚色（痘痘）	選擇接近膚色、偏黃色系的腮紅，這樣才不會凸顯痘痘。
偏黑膚色	選橘色、珠光、磚紅色的腮紅。

★基本上，只要避開不適合自己的腮紅顏色，就能輕鬆打造出甜美女神的好氣色。

特別收錄1 腮紅挑選訣竅

要成為一個人見人愛的甜姐兒，一定要有甜美的好氣色！我們都希望自己能擁有「好人緣＆好桃花」，所以在化妝時你就更不能忽略腮紅這個步驟，或許有些人先天就有紅潤的雙頰，但是有80%的女生還是要靠後天努力來創造甜美，這時候腮紅就扮演著非常重要的角色。

「腮紅不單單只是紅」，它能創造好氣色，修飾臉型還能增加立體感，打造微整的視覺效果，最重要的是還能提升吸引力，散發出迷人的訊號！

●優雅型頰彩

法國LADURRE與日本保養美妝集團Albion艾倫比亞聯手出品的馬卡龍法式彩妝，真的是讓人非常瘋狂！以前都是託人從日本帶回來，現在台北已經有專櫃，深深覺得好幸福！新款三色的混搭限量版玫瑰花瓣腮紅，粉質的細膩度跟香味都完美到極致！

因為腮紅的顏色非常輕柔，淡雅香味跟視覺也都非常療癒，能為優雅的女性增添臉上迷人的表情跟內在與外在的美麗、建議使用抓粉力較弱的刷具，才不會破壞美麗的花瓣！

→LADUREE／浮飾玫瑰經典腮紅（蕊）#10

●甜美型頰彩

這款腮紅顏色非常華麗甜美，以蜜桃色為主色搭配了莓紅色與細緻的粉珠光色，應該稱得上是一款經典百搭的腮紅，三色混刷可以創造出精緻優雅的妝容，細金流沙設計閃爍的外盒，充分感受到這股時尚奢華氣息。上班族白天可以單獨使用蜜桃色來展現好氣色，到了晚上則可以加上莓紅與細緻的粉珠光色來展現明媚的容顏，細緻的粉色珠光可以創造今年最流行的光感肌膚妝容！

→LUNASOL／晶巧修容餅（霓晶）#EX01

●萌系可愛頰彩

這款顏色非常有漫畫少女的萌感，腮紅的珠光非常飽和明顯，雖然畫出來的顏色非常清淡，但色澤的飽和度跟明亮度還是頗高，不過臉部過於豐腴的女性在使用上要小心一點，因為綿密而細緻的珠光如果使用不當反而會造成臉部膨脹的反效果，所以我建議這款的#03糖果色系的腮紅，適合臉頰較凹陷的女性使用，用完後可以瞬間讓蘋果肌變得超豐腴Q美！

→innisfree／自然系礦物腮紅#03

●自然感頰彩

粉質非常細緻有質感，非常適合拿來當修飾兩頰的輪廓線，畫完後臉上的妝感很自然，不會感覺做了過多的修飾，反而會讓肌膚呈現透明感跟細膩的光澤。除此之外，顯色度以及持妝度也很棒，很適合亞洲人跟肌膚偏暗黃的人，男性也能大膽使用，妝感的顏色「細緻清透，持妝度也很棒」喔！

↑THREE／魅光修容#25

●立體感頰彩

這是一款延展性極佳的蜜狀腮紅，超實搭而且防水性高，最大的優點是使用量只要一點點就很顯色，防水80%、擦起來也不會覺得乾繃，因為顯色度較明顯的關係，所以建議喜歡淡雅立體妝容的人，還可以用「V臉魔法—立體塑顏」的畫法喔！

● 立體塑顏法：上完隔離霜之後先上腮紅蜜，畫在嘴角跟耳朵的對角線位置，這樣畫可以顯瘦之外，還可以增加臉部的立體感，之後再上粉底。喜歡妝效濃一點的人，還可以在粉底後再上一次腮紅蜜，可增添光澤感也更防水跟防脫妝，最後輕壓蜜粉就能創造蜜桃般的V臉妝容啦！

↑戀愛魔鏡／魔法持久粉嫩腮紅蜜#RD310

氣質型頰彩

質地比一般腮紅濕潤，或許是添加了摩洛哥堅果油的關係，所以使用起來較滋潤服貼，且散發淡淡花香，這款顏色介於珊瑚色跟桃色之間，擁有氣質的色調，非常百搭也適合優雅的輕熟女使用。

這是兩格的腮紅，一邊是優雅霧面色澤，可打造出蘋果肌的NIKE輪廓線，即使單獨使用也非常適合上班族，可以呈現優雅氣質與專業感。另一邊是LOGO珠光色澤，可使用於黑眼球正下方蘋果肌的最上方、雙眉與鼻尖的黃金三角地帶，這樣就可以輕鬆的打造出立體的蘋果肌，創造出立體光感肌膚！除此之外，珠光色澤也可以用來打造迷人的臥蠶喔！

↑肌膚之鑰／花漾妍彩餅#101

小清新頰彩

這個腮紅霜含有70%水分，觸感乍看很像充滿彈性的果凍凝膠，使用後深深覺得它獨特水感質地，真的非常輕盈清透。特別提醒一下，使用這種凝膠狀腮紅的時候，要在上完粉底液之後直接上腮紅，這樣比較容易推勻，妝感也自然透嫩，重點是要細心地以「少量多次的輕拍」的原則，就能疊出完美立體的自然腮紅喔！

←GIVENCHY／腮紅精靈#02

特別收錄2 氣墊粉餅挑選訣竅

一般人要畫出一個完美粉底真的是一件困擾的工程，我想才會有這麼多人會放棄了化妝。不過現代的女人還真的不能不化妝，因為女人的壓力已經不單單只是嫁個好老公而已，面對工作生活每天都忙的喘不過氣來，還要跟「同事、閨敵」較勁顏質，想到就真的是快要累崩了，所以現在開始你一定要學會聰明變美的方法！

只要每天早晨多花幾分鐘打扮自己，善用氣墊粉餅來幫你解決面子上所有肌膚的問題。相信我～好的「人緣、桃花」真的是從好膚質印象開始的！別擔心會有手殘的問題，現代科技讓美麗變得簡單聰明，一個完美底妝只要熟練輕拍技巧，3分鐘就能讓你呈現完美肌膚！如果你還在尋找人生中的懶惰完美底妝，氣墊粉餅將是你最聰明的選擇，對於底妝非常挑剔的我都能被降伏呢！

因為每個人想要的妝感不同，底下依不同的妝感區分不同的氣墊粉餅，相信你就能挑選出最適合打造出自己完美妝感的產品！

梵緯老師小叮嚀

氣墊粉蕊保護貼的妙用

氣墊粉餅拆封後，記得粉蕊上那一層保護貼不要丟掉喔！因為留著它可以讓氣墊粉餅內的精華液比較不會乾得太快！

●無瑕感底妝

這款算是創新保養級「ALL-IN-ONE」補妝神器，使用後真的會讓肌膚呈現出完美無死角的完美裸妝，雖然妝感有一些些略為明顯，但是完妝後可以讓肌膚呈現零瑕疵。卓越亮白配方讓肌膚和妝容都提亮了許多，PS神級的粉質妝效讓裸妝境界再升級到神級的境界，我通常會用它來當眼部的粉底遮瑕，再來進行眼妝的改造，就能讓眼妝、眼神都提亮了許多，效果很不錯！

→UNT／輕裸光PS無瑕肌氣墊粉霜

●水潤感底妝

banila co.這個品牌是我每次去韓國必定朝聖的，使用後可以明顯地感覺到微霧水潤的效果，妝感比它牌更清透白皙，也不會有黏膩感。這次在書裡拍攝照片的時候，因為模特兒一天之內要換很多妝容，所以我用它來改造眼妝跟修飾唇色，真的是輕拍10秒立刻可以換下一個妝容，肌膚還是一樣輕透水嫩！如果你是帶妝時間很長的美眉，這款可以幫解決很多妝前妝後的煩惱！

→banila co／光透氣墊粉凝霜

●清透感底妝

這款氣墊粉餅使用後的妝容很清透，即使是淺色色號用在我的黑肌膚手上也能自動校色，輕拍或推勻都非常容易上手，而且肌膚呈現出自然的水潤感跟光澤質感，妝感非常自然！畫完妝後只看到「好感肌膚」，沒看到過多餘的妝感，這一點我非常推薦！我仔細看了一下成分裡，添加了來自南極純淨的冰河醣蛋白、日本山崎山茶花萃取及北美聖草糖蛋白，這些應該就是讓肌膚呈現水潤光透感的功勞吧！

↑Jealousness婕洛妮絲／晶燦水潤氣墊粉餅

●自然亮澤底妝

這款氣墊粉餅的質地清透、延展佳且容易推勻，10 秒就能完成底妝，使用也非常容易上手，很適合初學者跟不習慣化妝的人使用！也不需擔心粉底妝容會有太薄或太厚重的問題，而在同一個地方重複使用也不會卡粉，輕鬆就能讓肌膚呈現出絲緞般輕薄的自然亮澤。沒想到更讓我驚喜的是，男生的健康膚色也能使用，它能完美的自動校正貼合你的膚色，上妝後也不會有太白或過於厚重的現象。

↑巴黎萊雅／輕透亮氣墊粉餅

●保養型底妝

這個氣墊粉餅有保養的功效，主打的就是它牌沒有的「緊緻抗老」功能，使用後肌膚的水光感底妝蠻明顯的，妝容也稱得上清透！即使在眼部周圍重覆上妝遮瑕疵，也不會有卡粉的現象產生。除此之外，因為含有六胜肽延伸的八胜肽科技，完妝後感覺肌膚看起來更飽滿緊緻，肌膚有變年輕清透的感覺，而且它不會有過白的妝容，是喜歡裸妝的女生不錯的選擇！

↑Miss Hana／光透無瑕氣墊粉餅

●不脫妝底妝

使用後肌膚會呈現完美的霧面膚質，恰到好處的遮瑕度是它的優點，整體妝容給人一種粉嫩滑潤的肌膚感，防汗、防水、防油的功效也很OK，早上化妝出門到了大太陽的下午粉底還有70分，所以這款非常適合容易出油脫妝的美眉使用。

→Innisfree／
霧感持妝舒芙蕾粉餅

粉霧感底妝

說實話在4～5年前我就用過ETUDE HOUSE的第一代氣墊粉餅，而現在的升級版更是讓人驚喜！擁有6合1（防曬、控油、保濕、美白、粉底、涼感）多效配方及珍珠精萃粉末，號稱30秒快速打造輕盈持久輕透底妝，整天維持清爽舒適！使用完後膚質會呈現微霧光感，遮瑕度適中不會有厚重的妝感，也很容易推勻。重複按壓也不會影響妝容，而且粉底的質地清爽不黏膩，對於台灣濕熱的天氣算是一個福音，不但使用方便也可以替你節省許多早晨寶貴的時間！

白亮型底妝

這個氣墊CC粉餅有個迷人的名稱「888美肌模式」，號稱8秒鐘快速定妝8小時，持續水嫩妝容！使用後定妝的功能真的還不錯，遮瑕力也很到位，粉質中的成分透明質酸、南極冰河糖蛋白保濕功能也不錯，能讓肌膚看起來很水潤。除此之外，這個產品有添加美白成分，所以妝比較偏白皙，如果你喜歡嫩白透亮肌膚的妝感，這款就很適合你！

→FORTE／光透無瑕氣墊CC粉餅

↑ETUDE HOUSE／即可拍超進化持妝輕盈粉凝霜

zoom
zoom hairstyling

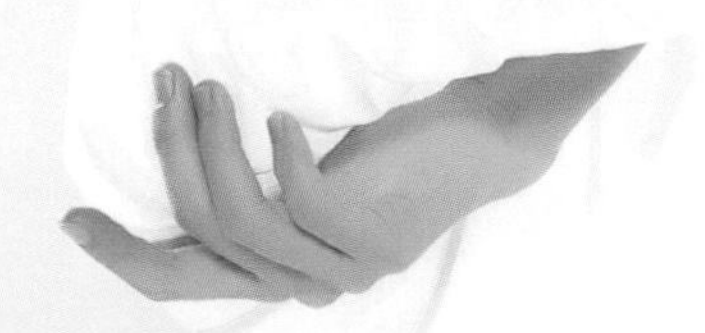
電 +886-02-2741-7777
址 台北忠孝東路四段 223 巷 20 弄 6 號
網 www.zoomhairstyling.com

不學會後悔
彩妝師「妝前保養」秘密

根據調查，**80%以上的女性有脫妝或妝容不持久的問題**，雖然大家都知道保濕很重要，
但妝前若使用太過滋潤的保養品，反而會造成妝容不服貼、起屑！
使用能讓肌膚達到**「油水平衡」**的妝前保養品才是能讓後續彩妝長效完美的秘訣！

化妝水

植萃洋甘菊精華 幫助肌膚鎮靜舒緩

保濕的第一步，為肌膚調理清潔，加強滲透力。洗臉後，以化妝棉搭配化妝水輕拭全臉，使肌膚放鬆，接著沾濕整片化妝棉，由下往上擦拭，此動作有助於緊緻毛孔，更能讓肌膚有效吸收後續上的保養品，是不可或缺的第一道步驟。

a.

眼唇精華液

天然牛蒡萃取 溫和撫平細紋

眼唇周比一般肌膚更脆弱，應挑選溫和有效成分。取適量精華液輕點眼周，並從眼頭往眼尾輕輕塗抹；唇部則以畫圓方式進行按摩，有助吸收。

豐潤雙唇效果
唇彩後薄壓一層，可增加唇部妝容的潤澤度與持久度！

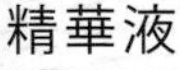

精華液

肌膚達到「油水平衡」才是不脫妝的重點

妝前除了要挑選無油型精華液之外，也需使用**含有大、中、小分子的精華液**，透過黃金比例的調配，讓肌膚層層有效吸收，達到「油水平衡」，就能更加貼妝！使用時利用手溫輕壓的方式按摩全臉與脖子，加強精華液吸收。
Tip:以1：2（精華液：粉底液）混合，就能讓底妝變得像面膜一樣服貼。

修護乳

角鯊烷親膚性高 是貼妝的秘訣！

太過黏膩的乳液除了造成肌膚不適，也容易使後續底妝脫落，選擇添加**親膚性高的油脂配方乳液**，是妝前保養最明智的選擇！將乳液於掌心推開，利用手溫提升肌膚吸收效果。推開時，沿著臉部輪廓線條，由下至上、由內往外的按摩全臉，打造妝前完美肌底最後一道防護！

推薦使用 Item：

a. 洋甘菊與鎖水磁石，鎮靜舒緩與保濕 - BEVY C. 光透幻白妝前保濕化妝水100mL / NTD550
b. 無添加防腐劑；牛蒡萃取，呵護眼唇周細緻肌膚 - BEVY C. 光透幻白妝前保濕眼唇精華 15mL / NTD580
c. 黃金比例：大中小三分子玻尿酸，層層保濕；5種神經醯胺，穩定肌膚油水平衡 - BEVY C. 光透幻白妝前保濕精華 35mL / NTD980
d. 添加親膚性高的油脂-角鯊烷，滋潤、清爽，不造成肌膚負擔 - BEVY C. 光透幻白妝前保濕修護乳 100mL / NTD550

DINOPLATZ

TRICERATOPS

恐龍城市限定三色組

打亮、 腮紅 、修容一次完成

2016
限量商品
全面門市熱賣中

輕透、自然、細緻、長效持妝

彩唇頰BB霜 打造HD柔焦美人，一管到位 深層保濕，緊緻毛孔，修飾細紋瑕疵

空氣蜜粉餅 獨特創新粉粒科技，均勻服貼，完美遮瑕，宛如空氣般的輕盈輕透

衛部粧輸字第021269號，衛部粧輸字第021268號，北衛妝廣字第 10404151號

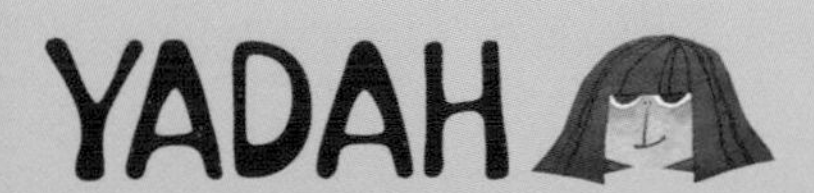

博客來、森森、東森、momo
ibon mart、Gohappy、
UDN、Treemall

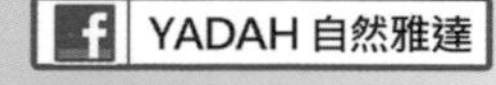

官方購物: www.yadah.com.tw
諮詢專線: 0800-800-052

總代理:榮棋國際有限公司

明星彩妝師傳授！
化妝不失敗の15堂必修課

作者：梵緯

出版發行

橙實文化有限公司 CHENG SHI Publishing Co., Ltd
客服專線／（02）8642-3288

發行人	謝穎昇 EASON HSIEH, Publisher
總編輯	于筱芬 CAROL YU, Editor-in-Chief
副總編輯	吳瓊寧 JOY WU, Deputy Editor-in-Chief

排版・封面	簡至成
插畫	朱家鈺
攝影	錢宗群
示範MODEL	傳遞娛樂／小棉、凱萱、李娜、善榛 日寺娛樂／柏心
髮型協力	ZOOM HAIR- BJ、比Ya整體造型設計-Pink
製版・印刷・裝訂	皇甫彩藝印刷股份有限公司
贊助廠商	Becca、Diva Beauty、edgy服飾、MODA 流行製造機、SO NICE

BEVY C. 妝前保養の霸主　CLIO PROFESSIONAL　too cool for school
Maison PARIS　2%　USTYLE UNLOCK YOUR STYLE　YADAH 自然善達　ZOOM

編輯中心

新北市汐止區龍安路28巷12號24樓之4
24F.-4, No.12, Ln. 28, Long'an Rd., Xizhi Dist., New Taipei City 221, Taiwan (R.O.C.)
TEL／（886）2-8642-3288　FAX／（886）2-8642-3298
粉絲團／https://www.facebook.com/OrangeStylish/

全球總經銷

聯合發行股份有限公司
ADD／新北市新店區寶橋路235巷6弄6號2樓
TEL／（886）2-2917-8022　FAX／（886）2-2915-8614